從賺錢到值錢的轉型之路

強基因理論

何萬彬 著

從高毛利產品聚焦到資源整合
達成市場領袖地位

◎不止是生存，更要主導！
◎不要再一成不變，找到你的「強基因」！
◎30年實戰經驗濃縮，讓你的企業不再「揚短避長」！

成功的捷徑不是追趕對手，而是開闢自己的賽道
讓企業從「賺錢」進化成「值錢」，掌握資本市場的生存法則

目 錄

前言

Part1　尋道 —— 挖掘企業的強基因

010　第一章　危機：
　　　　　　被企業嚴重忽視的強基因

036　第二章　出路：
　　　　　　企業如何挖掘並運用好強基因

Part2　換道 —— 用品類策略贏企業未來

068　第三章　換道：
　　　　　　實施品類策略，締造細分領域王者

098　第四章　聚焦：
　　　　　　聚焦品類，企業才會實現彎道超車

134　第五章　占位：
　　　　　　品類創新，帶領企業邁入藍海

目錄

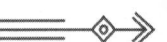

Part3　控道 —— 做一家「值錢」的企業

162　第六章　轉型：
　　　　　　由「市場經濟」邁向「資本經濟」

192　第七章　更新：
　　　　　　先讓企業「值錢」，再讓企業「賺錢」

234　第八章　跨越：
　　　　　　做大市值並非只有上市這一條路可走

前言

授人以魚，不如授人以漁

在我們如此浩蕩的企業大軍中，有的橫衝直撞，有的踟躕不前，我既著急又自責，著急大家找不到適合自己的發展之路，自責沒有將有效的經驗分享給大家。我的師父曾經教導我說：「人不到60歲不要寫書，否則很可能會因為深度不夠而誤人子弟。」

而今，我已經年過60歲了。因此，就有了今天這本書，將我30多年的工作經驗和教訓提煉出來，分享給廣大讀者。

在近十年裡，我跳出了傳統行業，站在資本的角度來觀察和研究傳統行業，頗有體會。身為一位專業的投資人，在從業這些年中，我見到過太多企業的榮辱興衰。每一個企業都有其各自特點，然而很多企業直至消亡，都沒發現自己獨到的長處，總是在「揚短避長」的路上一去不回頭，就像天生擅長飛行，卻一意孤行地要暢遊深海。

很多時候，我們做不成一件事，不是我們不夠努力，而是我們選錯了努力的方向。其實選擇比努力更重要，如果沒

前言

有正確的選擇，努力越多，偏離正確的軌道就越遠。而身為旁觀者，或者說是局外人，也許我要比那些企業經營者看得更加透澈一點，我想，用「不識廬山真面目，只緣身在此山中」更貼切一點。

經濟騰飛是國家發展最有力的支撐，而在這個鼓勵大眾創業、萬眾創新的新時代，我希望能用自己所學所做所見所思，為大家帶來不一樣的商界視角和思考。

商場如戰場，雖然沒有真刀真槍的搏殺，卻也是暗流洶湧，稍有不慎，所有努力都將付諸東流。這是一個屬於智者的時代，得道高者得天下。在這樣一個「後來者居上」的歷史發展中，反而是後來企業有其獨特的優勢，也就是後發優勢，因為現在處在一個結構性變革的時代。當然，也不是所有的後來者就一定能夠居上。思想是人作為智慧生物的特有屬性，商戰中不僅僅是企業與企業的競爭，更是人與人之間的較量，所以謀略、經驗、決斷、實踐，都是成功的必要條件。

在商戰全球化的格局裡，我希望企業能夠創造「後來者居上」的偉大成就。天下興亡，匹夫有責，企業能夠騰飛是我內心強烈的願望，也是我身為一個專業投資人的社會責任。

在本書中，我結合自己這麼多年做企業投資的經歷、實

踐和觀察，建立了一個全新的策略理論。這些理論或許不全是我獨創的，也不是我第一個提出的，但卻是我第一個將其融會貫通，並與實踐結合在一起的。本書所提出的，也許你聽說過，又或許也有些了解，卻不一定能將其應用到實際工作中。在本書裡，我將用獨特的視角，讓你看到被絕大多數企業家所忽視的，不一樣的理論邏輯，一種讓企業成長的特別思考方式和行動路徑。

我用三步走的方式，詮釋企業成長的特別之路。

第一步：尋道。此尋道不是尋找理論、道理，而是尋找一條最適合自己的道路。

天下沒有兩片一模一樣的樹葉，人也一樣。每個人都有其不同於其他人的特質，也就是強基因。善於發現特質、善用特質，並找到一條可以完美發揮自己特質的道路，這就是尋道的意義。

在市場競爭中，企業的第一步就是重視並挖掘自己的強基因。

第二步：換道。挖掘到強基因後，透過品類聚焦轉換到能夠發揮自己強基因的賽道上。

找到自身特點後，就需要因人而異、因地制宜，透過品類聚焦將企業轉換到能夠發揮自己強項的道路上。發現強項，堅持品牌，持續聚焦，正是這一系列的努力，提升了

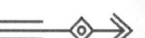

企業的價值，打造了企業的影響力，構築了企業的「江湖地位」。

第三步：控道。企業轉換賽道後，就要在自己的領域中做遊戲規則的制定者，要透過市場法則、資本運作，實現利益獲得、企業增值。

做一家有價值的企業，讓企業插上資本的翅膀，同時讓企業可以享受品牌所帶來的效益，這就是成功企業的三部曲，即挖掘強基因，精準換賽道，聚焦類品牌。

商戰中，有成有敗，但是如果失敗者將失敗的原因歸結為懷才不遇、世風不古，那我認為這只是失敗者不願面對現實的逃避行為。

成功需要敏銳的覺察和超凡的行動力。一路過五關斬六將的成功者，必定有一套成功的理論。而本書就是這樣一本教大家讓企業成長的理論加實踐的實操手冊，希望能為你的成功助一臂之力。

成功有法，卻無定法，貴在得法。

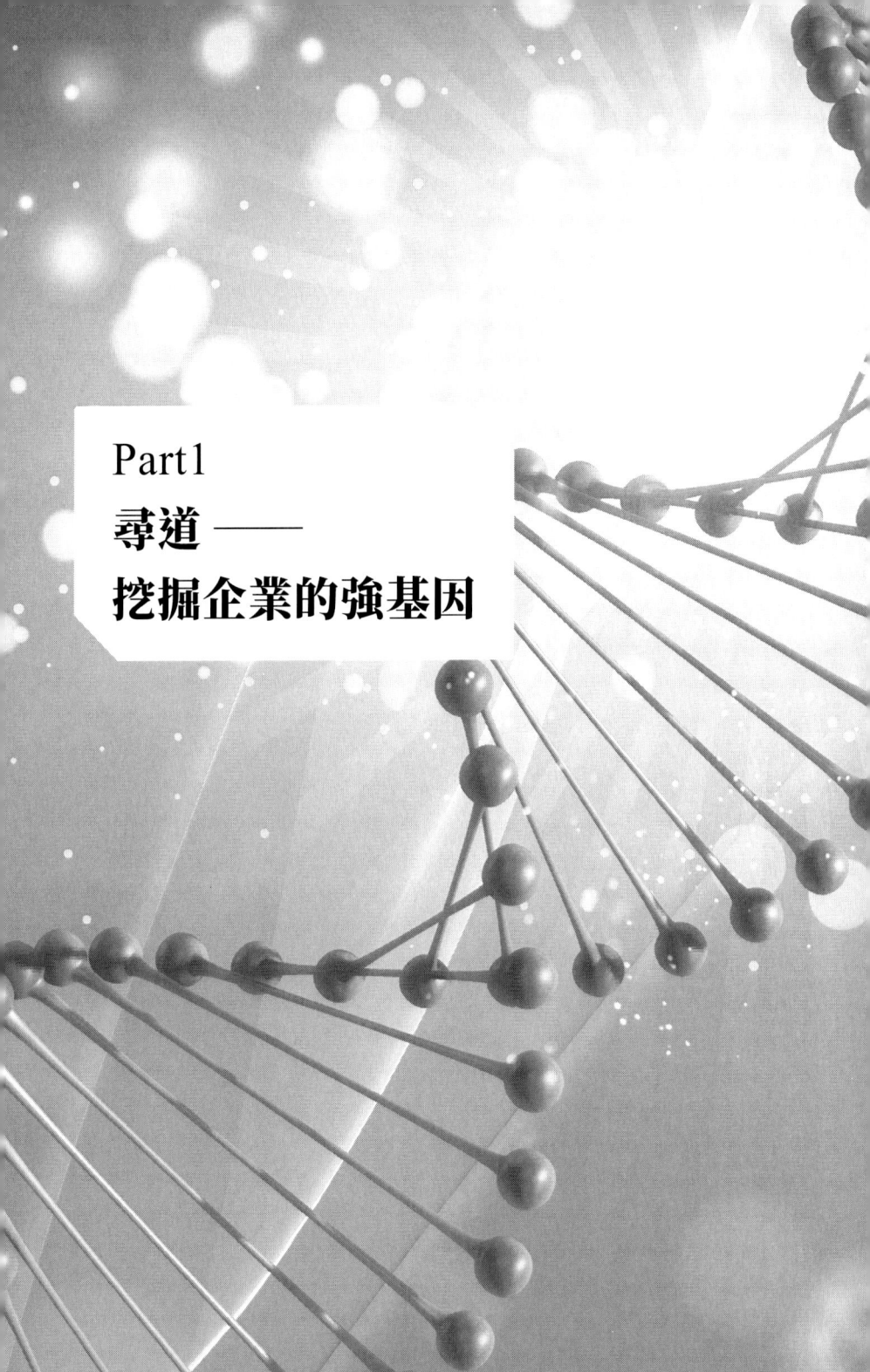

Part 1
尋道 ——
挖掘企業的強基因

第一章　危機：被企業嚴重忽視的強基因

導讀

　　提升企業實力是每個經營者的夢想。正是由於有了這樣一個宏偉的夢想，企業才能在發展的道路上披荊斬棘。

　　近40年來，湧現出一大批優秀企業。不過，有新人笑，就會有舊人哭，不少企業死在發展的過程中。

　　它們的失敗讓我們感到十分遺憾，似乎覺得自己未來也會面臨這樣的情形，但是那些蒸蒸日上的企業又給了我們希望。失敗的企業，一定有其弊病，帶給了我們教訓，當然，那些不斷成長的企業更值得我們學習。

　　企業失敗的原因五花八門，但是成功的企業卻驚人地相似。

　　每個企業都有「稱霸」夢，但不是每個企業都能夢想成真。企業規模要想做大，必須用實力來支撐，而企業如果不

往大了發展,又怎麼能有實力呢?因此,企業實力是建立在企業規模的基礎上的。那麼,企業如何增強規模實力呢?

規模靠強基因,實力靠挖掘強基因。

每當有企業取得突飛猛進的發展,或者以往頗有成果的企業莫名陷入困境時,人們就會拿「強基因說」來解釋。比如,一些業內人士覺得某電商的失敗,是因為沒有電商的強基因,相似的還有,某社群軟體沒有社交的強基因、傳統行業沒有網際網路的強基因等。

關於企業的「強基因說」,常常讓人覺得虛無縹緲,不切實際,因為一直到今天,都沒有人對「企業強基因」下一個準確的定義。因此,所有建立在「強基因說」上的企業分析,都讓人懷疑。

不僅如此,對於大部分企業家來說,「基因」是一個既陌生又具有誘惑力的概念。

—— 為什麼它能幫助企業增加規模實力,建構自己的核心競爭力?

—— 什麼是企業的「強基因」?

—— 它來源何處?

—— 強基因對企業發展的價值何在?

作為企業家,生活在一個沒有遊戲規則的時代是非常幸

Part1　尋道—挖掘企業的強基因

運的，因為可以透過任何有效的方式獲取他想要的資源；可同時又是不幸的，因為他攫取到的利益又隨時可能被競爭對手輕易拿去。

唯有重視自己的強基因，才能打敗競爭對手，增加企業規模實力。

1. 什麼是企業強基因

我曾受邀到一家企業去做有關策略規劃方面的培訓，與老闆一起吃飯的時候，老闆希望我能盡快幫他們公司做策略規畫，並表示不在乎花多少錢。該公司果真在一個星期之後便請我幫他們做了策略規畫，並且迅速簽訂了合約。

在公司待了一段時間後，我了解到為什麼他們這麼急切地要做策略規畫了。

雖然這家企業各方面都不錯，但我最終得出的結論是企業不重視強基因，或者說不知道什麼才是他們企業的強基因，所以企業一直處在東一榔頭，西一棒槌的局面。

我的這種說法，讓該企業的老闆很沒面子。事實上，這家企業在其專業領域一直起著「領頭羊」的作用，不管是在創業初期，還是在創業後期都做得很好，獲得了市場和客戶的廣泛贊同。但是在後來的發展中，企業卻沒有了方向，不知道該向哪個領域發展才能增強企業規模實力。

這樣的情況，絕非個例。在我做投資的過程中，這樣的企業司空見慣。

在經濟發展早期，企業只要站在風口上，即便沒有強基因，也同樣可以抓住機遇，迅速發展。但是從長遠發展來看，一家企業想要增加規模實力，僅憑機遇和自身資源是很難實現的。如今已經進入了經濟發展新常態，市場環境也發生了變化，優勝劣汰、適者生存，競爭日益激烈。但是很多企業卻忽略了這一點，僅重視「招」和「術」的運用，丟掉了自己的強基因，或者根本不知道自己的強基因是什麼。所以，很難把力氣用在對的點上。

因為不重視或不知道自己的強基因，許多企業做著做著，就向大而全發展了，這幾乎成為了企業的一個通病，甚至成為企業發展的最大障礙。

我曾走訪了一些國內知名的企業，並向企業經營者問了兩個問題：您的企業有強基因嗎？是什麼？我所得到的結果確實如我所想的那樣，八成以上的企業家根本不知道什麼是企業的強基因，剩下的兩成企業家知道有強基因這個概念，但是對自己企業的強基因是什麼，卻說不清楚。

既然如此，那麼我們首先就要搞清楚有關企業強基因的一些基本問題：企業的強基因是什麼？強基因的構成要素是什麼？

什麼是企業強基因

想要知道企業強基因是什麼，首先，我們必須要明白：企業基因是什麼？

企業基因的概念來源於「生物基因」的類比。1950年代初期，遺傳學家透過研究，知道了基因的本質，即基因是具有遺傳效應的DNA（去氧核糖核酸）片段，每個基因含有成百上千個去氧核糖核苷酸。由於不同基因的去氧核糖核苷酸的排列順序（核酸序列）不同，不同的基因含有不同的遺傳訊息。

生物基因的研究成功，使人們能夠把握生命活動的規律，不再猜測自己所孕育的孩子是單眼皮還是雙眼皮，從而大大增強了生命科學理論的解釋和預測能力。

相較於「生物基因」來說，企業基因是一個抽象的概念，是不能放在實驗室研究的。即使如此，企業基因能被稱為「基因」，也須具備相應的功能與屬性。否則，企業基因的概念就是沒有根據的套用。

下面，透過與生物基因的對比，我總結了企業強基因的四個基本屬性，用以辨識企業強基因（圖 1-1）。

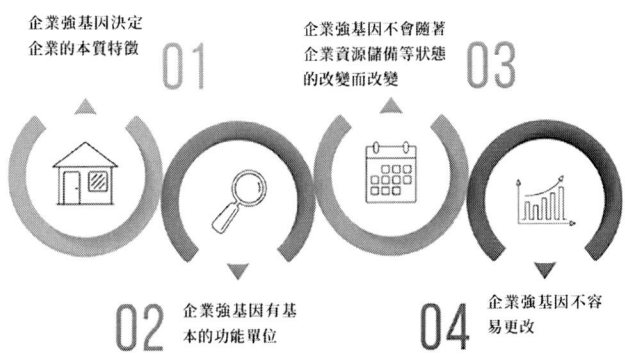

圖 1-1　企業強基因的四個基本屬性

(1)企業強基因決定企業的本質特徵

基因是生命功能和生命特徵的決定因素。比如，我們每個人的血型、性別、眼皮的單雙、皮膚的黑白等都是由基因來決定的。

同樣地，企業基因也能夠大致決定一個企業的本質特徵。這些特徵包括企業在決策時展現出的基本價值觀、行事風格等。比如，有的企業一直想增加規模實力，而有的企業卻只想能夠生存下去就好。

(2)企業強基因有基本的功能單位

基因是保持生物性狀的最小單位，如果細分一個基因的話，它將不能獨自完成性狀調節功能。

同樣地，企業基因也有基本的功能單位。很多人把組織結構、企業文化這樣宏大的概念認作企業基因，這顯然是錯

誤的。既然不能細分生物基因,那麼我們也不能把一個人、一臺裝置等物質單位看作是企業的基因。只有當企業創始人或 CEO 這樣關鍵性的人在企業中發揮出關鍵性的作用時,才可能成為構成企業基因的載體。

(3) 企業強基因不會隨著企業資源儲備等狀態的改變而改變

生物基因發揮作用,不會受外界因素的影響。比如,我們人類的基因發揮作用時,不會因為性別、身高、體重、性格這些外在因素而發生改變。

同理,企業的強基因發揮作用,也不會因為企業發展狀況的改變而改變。比如,把人才培養當成重中之重的企業,不會因為個別員工的辭職就改變初衷,員工們始終能感受到自己是被重視的。

(4) 企業強基因不容易更改

雖然基因有時候會出現突變的情況,但是在大多數情況下是非常穩定的。企業強基因也是如此,不會輕易改變。

比如那些以人才為重的企業,不會在一年半載之後就變得視人才如糞土。就算換了領導者,這種精神也會延續。通常來說,可以在短時間內被改變的,就不叫企業強基因。

只有具備以上四種屬性才能叫企業強基因,缺其中一條都不能被叫做企業強基因。

根據上述分析，我們可以得出關於企業強基因的結論：企業強基因就是那些穩定的、內在的、獨立的，能夠影響企業發展方向的基本功能單位。企業強基因由企業內部而發，不受外部環境的影響，不會在短時間內被改變。

企業強基因是怎樣構成的

人類的基因種類有很多，但是最終構成 DNA 的只有四種。對於企業來說，找出自己所有的強基因，並一一列舉顯然不現實，但是我們可以參照生物學的理論，找出企業強基因的構成因子。

整體而言，構成企業強基因的主要有以下三大因子（圖1-2）：

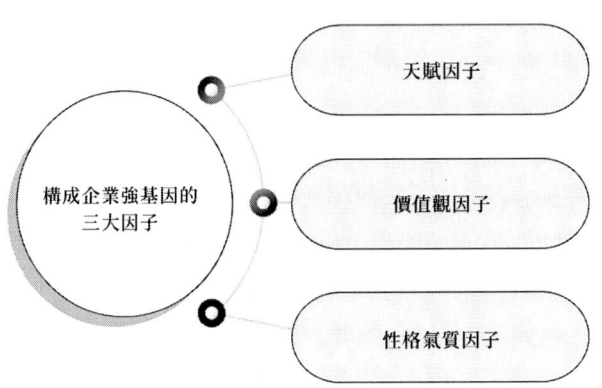

圖 1-2　構成企業強基因的三大因子

(1) 天賦因子

就拿我們人類來說，有的人天生數學好，每次都能考100分，但是有的人就是學不好數學，即使再努力，也不過在及格線徘徊，這就是天賦的影響力。企業和人類一樣，有先天潛力的差異。

企業的天賦並不是指企業的能力大小和資源豐不豐富，而是企業在向各個方向發展時所能達到的水平高度。比如，一家企業的研究能力弱，員工整體學歷又不高，企業想向高科技方向發展，肯定是不行的。再比如，一些製藥企業，雖然在創新研發上投入了很多成本，但是科學研究人員的水平還達不到要求，而企業卻不能大力引進人才和調整激勵機制，若不從根上改變天賦因子，那麼企業的成功率會變得非常小。

(2) 價值觀因子

價值觀因子對企業文化、發展方向等都有一定的影響。具體來說，企業要樹立什麼目標、走哪條發展道路、做什麼樣的決策，都和價值觀因子有關係。

比如，「追求卓越」的企業，肯定不滿足於安穩，想不斷突破自己，到達一個個新的高峰。企業的這種追求和外部環境沒有多大關係，並且，這類企業不會因為自身能力不足就甘願成為平庸之輩。

還有的企業非常重視社會責任感，雖然自身的發展並不穩定，但是對社會責任的履行，從來沒有推脫過。

(3) 性格氣質因子

性格因子會影響到企業的行事作風、思考問題的方式等。就算是兩家同樣追求卓越的企業，可能會因為它們內在的差別，而走上完全不同的發展道路。

有的企業非常具備冒險精神，因此在發展過程中，常常選擇那些比較冒進的策略，面對市場競爭時也會不擇手段。雖然表面風光，但是背後暗潮洶湧。而有的企業卻如一朵空谷幽蘭，不爭不搶，一步步走得非常扎實，沒有把握的事情不做，沒有支撐的決策不下。但是採取這樣保守的風格也有弊端，在規避了風險的同時，也同樣會與很多機會失之交臂。

性格氣質因子或許對企業業績沒有直接的影響，但是卻有著千絲萬縷的關聯。企業內部的工作氛圍就是性格氣質因子的一個外在表現。在一些比較年輕的企業中，員工可以不用穿西裝打領帶，取而代之的是短袖、牛仔褲、運動鞋，這就反映出該企業具有開放、創新、輕鬆的工作氛圍。

以上三種因子透過不同的方式，構成了企業的強基因，而強基因又對企業的屬性起著決定性作用。

比方說，當「知足常樂」的價值觀因子、「謹小慎微」的性格氣質因子、「能力平平」的天賦因子組合到一起，就會產

生一個「拖沓遲緩」的企業短處基因,這顯然對企業來說不是一件好事情。而真正具有創新意識的基因應該是「開放執著」的價值觀因子＋「勇於嘗試」的性格氣質因子＋「高技術」的天賦因子,這種強基因對網際網路企業來說是非常重要的。

2. 企業忽視強基因將造成什麼樣的後果

俗語說「頭痛醫頭,腳痛醫腳」,這種方法是解決不了根本問題的。比如說,有的病患手臂麻、手指麻,以為只是簡單的關節問題或神經問題,但是經過細緻的診斷之後才發現是頸椎病。

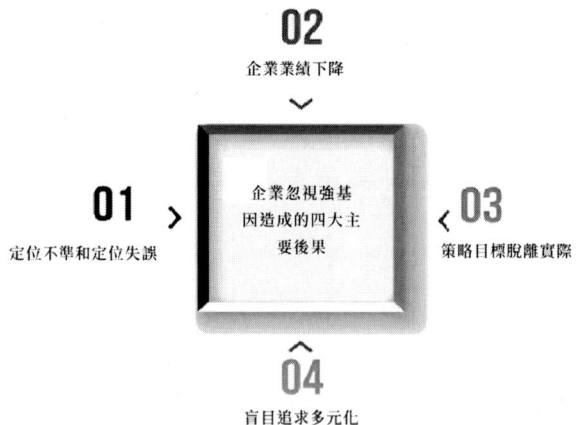

圖 1-3　企業忽視強基因造成的四大主要後果

同樣的道理也展現在企業經營中。企業產品定位失誤,企業業績怎麼都提高不了,新產品遲遲無法問世,團隊合作

不協調，總是資金流不暢，甚至資金鍊斷裂等，這些問題看上去似乎毫不相干，實際上它們都有一個共同的根由——忽視了企業強基因（圖1-3）。

定位不準和定位失誤

我認為忽視強基因是導致企業定位不準和定位失誤的關鍵要因之一。

不知道自己企業的長處，不懂得取捨，怎麼定位企業呢？企業的發展沒有定位在自己的強基因上，最終會導致企業競爭力下降或者根本沒有核心競爭力。企業沒有了核心競爭力，就意味著企業沒有了市場。沒有市場，企業還怎麼生存呢？

高露潔的致勝利器就是「防止蛀牙」，那一句「我們的目標是：沒有蛀牙」的廣告語傳遍大街小巷，以勢不可當的優勢占領了防蛀牙膏這個市場。殊不知，最先做防蛀牙膏的是佳潔士，卻被高露潔最先填補了市場的空白，於是把自己定位於「防止蛀牙」上，獲得了市場的認可。

品牌一旦定位成功，就意味著在這個市場站穩了腳跟，占山為王。就算競爭對手也來這裡開疆闢土，搶先者只會把市場做得越來越旺，自己的地位越來越高，對自己有百利而無一害。如今，我們大多數企業家甚至不知道何為「定位」，

Part1　尋道—挖掘企業的強基因

更別說把定位定在強基因上。

究其原因，主要是因為企業不知道自己的強基因，所以即使定位，也不知道「定」在何處，於是看到競爭對手做什麼，自己就做什麼。

和定位不準相比，定位失誤的問題更嚴重。定位失誤意味著企業走上了一條錯誤的道路，這條路上荊棘叢生，很難脫身，道路盡頭可能是可怕的深淵，等待企業的將是失敗的命運。盲目的品牌擴張就是定位失誤的最主要表現之一。

門南公司的例子值得我們深思。

門南是美國一家洗劑公司，多年前推出了一款「蛋白質21」的洗髮調理產品，市場反響相當好，於是又趁著熱度擴張品牌，推出了蛋白質21噴髮劑、蛋白質21護髮劑和蛋白質21濃縮液等產品。可是，市場占有率迅速降了下來，在排除了種種原因之後，公司才明白自己走入了品牌擴張的失誤。

企業為何定位不準或定位失誤？其真正原因就是不知道自己的強基因是什麼，所以看到什麼賺錢就拚命往裡擠。企業應該重視強基因，挖掘出自己的強基因，並定位於強基因上，而不是跟風賺錢。

請記住，在錯誤的道路上前行，停止就是進步。

企業業績下降

目前,國內大多數企業仍然在生產大量同質化的產品,造成市場競爭過度的局面。各家企業之間的價格戰、廣告戰、行銷戰打得尤為火熱。表面上是企業行銷出了問題,但其實還是企業沒挖掘到強基因。如果一家企業發現不了自己的強基因,就不知道自己應該做什麼、怎麼做,即使現在的消費者對產品的忠誠度很高,但是一旦出現新的、功能更健全的產品,消費者很快就會流失。

因此,企業想要從根本上解決問題,就得從企業強基因入手,找準產品定位,提升自身競爭力。而這一切都是建立在企業找到強基因基礎之上的。一個企業只要把自己的優點發揮得淋漓盡致就夠了,不要去彌補那些所謂的短處,更不要取長補短,因為本來還有點長處,拿去補短了,結果短處沒有補起來,即便補起來也長不到哪裡去,還把那點可憐的長處給消掉了,豈不可惜!

策略目標脫離實際

制定企業策略不是一拍腦袋就能做到的,也不是畫餅充饑,而是要根據企業自身的實際情況以及強基因來制定的。經營企業就像是蓋樓房,先要打地基,然後在地基上一層一層蓋起來,每個步驟都不能掉以輕心,否則就是「豆腐渣」工程。

Part1　尋道—挖掘企業的強基因

制定策略目標不是爭強鬥狠，一定要從企業強基因出發。在這一點上，我們可以好好學習一下海爾公司的策略。

海爾在制定策略目標時，首先挖掘與分析了自己的強基因，得到自己的強基因是在洗衣機方面的研究成果，再則就是洗衣機的銷售和售後服務。海爾只有做到這樣的一條龍服務，才能將自己獨特的五星級服務表現得淋漓盡致，最終才可以在眾多洗衣機品牌中脫穎而出。於是海爾制定的策略目標是：在7年的時間裡，專注洗衣機生產，在管理、品牌、銷售、服務等方面形成自己的核心競爭力，在行業占據領頭羊位置。按照這個策略目標，海爾透過洗衣機提升了品牌價值，然後逐漸拓展自己的業務。漸漸地，海爾實現了自己綠色家電與可持續發展相結合的企業策略，保證了海爾家電產業領跑者的地位。

策略目標不是趕時髦，企業可以根據市場情況適當調整，但是不能隨意調整，畢竟只有腳踏實地、一層層蓋起來的高樓才不會輕易崩塌。企業的策略目標應該從企業的強基因入手，與定位一樣，最好把策略目標也制定在企業的強基因上，這樣才會推動企業的發展。畢竟，在自己的強基因上發展，會成功得更快一些。

盲目追求多元化

企業多元化策略相信大家已經再熟悉不過了,但是企業想走多元化道路是有條件的。首先,企業要有足夠的實力;其次,企業要對多元化策略有深刻的認識。這兩個條件缺一不可,在沒有充分能力的支持下就盲目地走多元化道路,最終肯定會走向失敗。

道理大家都懂,可還是有不少企業盲目地走上多元化的道路,沒錢也要打腫臉充胖子,最後落得十分悽慘的下場。企業經營如果超出了自己能力範圍,那麼接下來的就是災難。

我這樣說,並非反對企業走多元化發展的道路,但是企業在決定走這條路之前,一定要考慮自己的強基因,把眼光放得長遠些。很多時候,專注於自己的優勢領域,專注於自己的強基因,企業才能穩步成長。

馬雲曾經在他的演講中說道:「大部分企業失敗的原因是不夠專注,看到哪個行業賺錢就跳進去。」誠如斯言,做企業一定要專注、要堅持、要有自己的強基因。

以上四點便是企業忽視強基因造成的後果。當然,企業忽視強基因,還會有很多其他的後果,比如現金流斷裂、人才流失等。望企業能夠以此為戒,重視企業強基因。

3. 企業的強基因源於何處

根據我的研究和分析，企業的強基因和其構成因素主要有以下三個方面。眾所周知，生物基因的載體是 DNA 螺旋鏈，所以請記住：以下三個方面只是企業強基因的載體，它們本身並不是強基因。

企業強基因的三大來源

見圖 1-4。

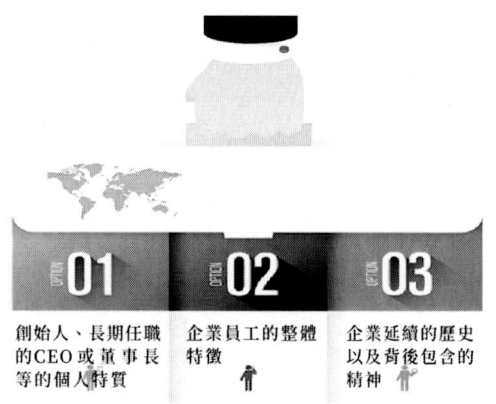

圖 1-4　企業強基因的三大主要來源

來源一：創始人、長期任職的 CEO 或董事長等的個人特質

對於一家企業來說，企業基因的強弱，和創始人、領導者有直接的關係。一家企業的創始人、長期任職的 CEO 或董

事長的能力、背景、教育程度，甚至性格、價值觀，對這家企業的強基因都有著深遠的影響。

在激烈的市場競爭中，有些企業始終屹立不倒，甚至越來越強大，除了時代的推動，與企業在創立初期就已注入的強基因有著重要的關係。

一家企業的強基因，相當程度上在企業創立之初，就已經隨著創始人的性格、品德、眼界、氣質等因素決定了。

遺傳性和決定性是強基因兩個很典型的特徵。企業創立之初灌輸團隊的精神，不管是好是壞，都會影響企業的未來。就像在一支軍隊裡，第一任軍長注入軍隊的精神，會一直傳承下去。

來源二：企業員工的整體特徵

企業員工整體的年齡、教育背景、工作經驗等，這些情況也會成為企業強基因的來源。如果企業員工都具備某一種特點，那麼這種特點也會發展成為企業的強基因。

比如，大部分員工是女性的企業，很可能無法準確地了解男性市場的真正需求；員工普遍是「七年級生」、「八年級生」的企業，也不會明白老年人的消費觀念；技術人員太多的企業，很容易鑽進技術的牛角尖，從而忽視消費者真正的需求；那些行銷能力很強的企業，由於把過多的精力放在了產品行銷上，從而忽略了企業核心競爭力的培養。

Part1　尋道—挖掘企業的強基因

這類企業的強基因來源於員工們的屬性和特點，一旦扎根，短期內很難改變。

來源三：企業延續的歷史以及背後包含的精神

從企業誕生之日起就一直延續的精神，是強基因的重要來源之一。不僅如此，除企業之外的其他元素也可能成為強基因的來源。比如，某知名學府從建校以來，多次經歷搬遷、院系調整等變化，但是「行勝於言」、「重視實幹」等精神，在一代又一代的學子的腦海中烙下了深刻的印記。

誤以為是強基因的幾種情況

關於強基因，很多企業家常常將企業的規章制度、企業文化、企業策略誤認為是企業的強基因，其實這些和強基因一點關係都沒有，充其量只是被強基因激發的後續變數。

(1)管理規章、激勵機制

企業的規章制度和激勵手段只是企業管理的一部分，會隨著企業發展歷程和組織結構的變化而變化，跟企業強基因關係不大。

Nokia的例子就是個很好的說明。Nokia在成本較高的觸控螢幕的問題上決策失誤，一些媒體就覺得這是Nokia失敗的主要原因，因為Nokia始終秉持高效率、低成本的經營策略，忽視了在創新方面的開發。

其實，Nokia 並非忽略創新，其產品品質和功能樣式上一直走在市場前端。企業應該從強基因中尋找更深層次的失敗根源。Nokia 的策略視野太過狹隘，一直是企業的短處基因。所以說，Nokia 失敗的主要原因是對行業環境的分析有誤，導致後來智慧手機大量湧入市場時，Nokia 已經追不上發展的腳步了。

(2) 企業文化

我們可以說企業文化反映出企業強基因的一些特點，但是我們不能說它就是企業強基因。企業文化的誕生本身就是一個多元化的複雜的過程，並且企業文化雖然在企業內部處處展現，但畢竟是一個抽象的概念，用它來解釋企業強基因確實不妥。

(3) 企業策略、商業模式

企業行銷策略和商業模式的改變會影響企業的發展，或進步，或退步。但是把策略結構和商業模式單拎出來看，這並不算是企業強基因，只能說是企業強基因激發出的表現形式。

假如策略結構和商業模式發生了變化，甚至企業領導者、員工、企業名稱、經營範圍都發生了變化，那麼這無疑是企業強基因的重構。

也就是說，一種企業強基因可能會對應多種策略結構。

企業在發展的歷程中，有時會激流勇進，有時會安如泰山，走過多元化發展之路，也做過企業聚焦，這都是在同一種強基因支撐下做出的不同的策略調整。

這也在告訴企業，假如目前的企業強基因能夠助力企業實現目標，就沒必要再對企業進行大規模的改變。

(4) 行業經驗或產品經驗

傳統行業常常會被取笑沒有電商的強基因，在今天的市場上沒有發展前途。注重生產製造的企業又被說「只會生，不會養」，甚至還有人覺得企業就是墨守成規，不會創新。其實這樣說缺乏事實依據，站不住腳。

之所以會有這種說法出現，無非就是企業缺乏對應的技術經驗，但是這種經驗可以透過轉型重新獲得。據不完全調查統計，在美國前十名的電商企業中，純電商企業只有一家，其他都是由傳統零售行業進化而來的，比方說沃爾瑪。

大家可能不知道，Nokia最初的業務是以造紙、橡膠經營為主的，可是後來也當了一段時間的通訊業領頭羊。

4. 強基因對於企業發展的價值何在

企業重視、挖掘強基因的過程，就是選擇和定位企業未來發展的過程。企業的強基因決定企業「有所為，有所不為」，企業會根據強基因來確定未來的發展重心，選擇一個適

合自己的、可持續發展的空間開發。在這個領域，企業占據「我有你沒有，你有我更優」的競爭優勢，再透過不斷強化，形成無懈可擊的核心競爭力。

重視和挖掘企業強基因的意義

市場是充滿各種誘惑的，誘使企業一步步地走進不是自己的強基因，或沒有任何競爭優勢的空間，其結果往往是付出沉痛的代價，甚至是全軍覆沒。曾經聲名顯赫的中國太陽神集團就是前車之鑑。

太陽神集團的前身是黃江保健品廠，當時黃江參加了保健品評比。在評比中，其生產的頭牌產品「萬事達生物健」一舉拿下了金獎，品牌知名度一下子就打響了。

獲獎後的第二年，生物健技術的持有人懷漢新辭職，全身心投入保健品廠的營運中。同年8月，黃江保健品廠正式改名為「太陽神集團」，由於產品在市場上大受歡迎，當年的營收就達到了3,700萬元，兩年後銷售額突破12億元。

為了讓企業的發展空間更大，懷漢新斥巨資聘用了一批青年才俊，把與他一同創業的9位高層元老全部換掉，並且還引進了當時最先進的企業形象辨識系統。1993年，太陽神集團的年銷售額突破了65億元，幾乎半個中國都在買太陽神的產品。然而，懷漢新在勝利光環的籠罩下，徹底失去了理智，決定讓企業進行多元化發展。僅1993年一年，太陽神就

Part1　尋道—挖掘企業的強基因

開闢了 20 多個新專案，覆蓋了房地產、貿易、酒店、化妝品等行業。不僅如此，太陽神集團還在全中國範圍內大規模的收購和投資。

好景不長，沒過多久，多元化發展帶來的問題就集體湧現了。在短短兩年內，太陽神集團的投資金額高達 17 億元，但是卻沒有收到任何成效，這些錢都打了水漂。1995 年底，太陽神集團在香港上市後，股價大跌，1997 年企業虧損將近兩億，股價一度跌落谷底。儘管此時懷漢新主動引咎辭職，但是已經錯過了最佳的止損時期，太陽神集團從此變為「夕陽」。

對於太陽神集團的衰落，我認為原因是懷漢新沒有抵禦住外界的誘惑，使得企業在後來的發展中丟掉了強基因，期望全面開花，結果卻全線敗退。

企業不管處於哪個發展階段，一定要對自己的強基因有清楚的認知。那些成功的大企業，大部分只做自己最擅長的那一兩個優勢專案。先把自己的基礎打扎實了，才能增強企業規模實力。

企業為什麼要重視和發掘自己的強基因？強基因對企業來說有什麼意義？這可能是許多企業家都想搞清楚的問題。重視和發掘強基因需要企業家對企業的優勢有準確的理解，更需要企業家深刻意識到強基因對於企業發展的重要意義和價值。

重視和挖掘企業強基因對企業的價值

不言自明，挖掘企業強基因的目的就是要推動企業發展，解決企業在發展過程中遇到的問題。這就是企業家要挖掘強基因的最好理由。具體來說，強基因對企業的發展有如下五個重要價值（圖 1-5）。

圖 1-5　重視並挖掘企業強基因對企業的價值

(1) 幫助企業家更準確地選擇自己的業務

企業的發展方向是由企業的強基因決定的，強基因對企業的核心業務、策略業務、新興業務有明確的指導作用。所以說，企業家做決策時，有了強基因的支撐，就容易多了。強基因讓企業家明白，真正應該推行的業務，是那些企業擅

長的、有優勢的領域，那些和企業強基因相違背的業務，都應該按兵不動。

(2) 促進企業各部門協調發展

企業的強基因不僅能在宏觀上指導企業，在微觀上還能促進企業各部門協調發展。在強基因的指導下，所有的員工都能很清楚地明白企業的發展方向，並齊心協力朝著這個目標前進。所以說，企業的強基因能讓全體員工體會到，企業是一個完整的系統，要想實現目標，就要恪盡職守，與他人緊密配合。

(3) 提升企業的競爭力

企業的強基因還能幫助企業提升自己的競爭力。由於強基因的特質，企業在制定行銷策略的過程中，會充分考慮到目前的實際狀況，因此強基因有助於企業在市場競爭中獲得有利的地位。

(4) 指明企業的發展方向

企業的強基因還能為企業在發展過程中指明方向。只有方向明確了，企業的經營管理之路才不會偏，才知道做什麼是正確的。只有堅持做正確的事，才能讓企業最大限度地合理分配資源，達成最終的目標。假如企業連最基本的方向都沒有準確掌握，把大量的精力都浪費在短處上，是非常愚蠢的，就像在溫水煮青蛙，絲毫意識不到危機正在來臨。

(5)明確企業的發展目標，指出企業實現目標的方法

企業強基因能幫助企業明確發展目標。清晰可靠的發展目標有利於團結員工、鼓舞員工們的鬥志、激發員工們的潛力。遠大且現實的目標是促使企業發展的催化劑。當企業把強基因滲透到企業經營管理的各個層面、系統時，才能讓大家對企業的目標達成共識，讓員工們最大限度地釋放出自己的工作熱情。

強基因不僅能為企業指明方向，還能告訴企業如何才能走到目的地。企業強基因能在思想、策略、措施上對企業加以提點，是企業快速實現目標的保證。不僅如此，企業強基因還能拓寬企業家的視野，提高企業家們操盤未來的能力。

綜上所述，重視和挖掘企業強基因實際上就是為企業的未來投保，促進企業的可持續發展。強基因並不是一個憑空想像的虛幻觀念，重視並挖掘企業強基因對改善企業經營管理、擴大企業利潤空間、推動企業發展是有實際意義的。企業強基因對企業的意義，就如同思想對一個人的意義。沒有思想的人，該如何走好自己這一生呢？

第二章　出路：
企業如何挖掘並運用好強基因

導讀

　　管理學中有一個非常著名的「木桶定律」，也稱為短處效應。一個木桶能盛多少水，並不取決於最長的那塊木板，而是取決於最短的那塊木板。

　　這個定律告訴我們：盛水的木桶是由許多塊木板組成的，盛水量也是由這些木板共同決定的。只有木桶的每一塊木板都一樣高才能裝滿水，否則只是浪費。但是，這個在商學院裡被奉為經典的理論其實是非常害人的。你想，本來還有長處，結果你老是想著去彌補短處，結果優點都發揮不出來。

　　我認為，這個理論應該這麼改一下，不但不要去彌補那個短處，連那個木桶都不要了，乾脆把它給拆了，然後把那些板都接起來，變成一根棍，一根長長的棍，還要把頂端削得尖尖的，然後去戳，那才叫厲害。我把這理論叫做「長棍理論」。

第二章 出路：企業如何挖掘並運用好強基因

決定一個企業成敗的核心因素往往是它的優勢，抓住優勢，並利用好它，這反映了一種獨特的思考模式，這種思考模式就是長棍思維。

眾所周知，任何理論都有其存在的意義，思維也是一樣。我們想要依靠某一個理論打遍天下，這顯然是不現實的。所以要理解一種理論和思維，理性的做法就是清楚這種理論和思維的前提。

一個人如果有自己的強基因，很容易出類拔萃，一個企業也是如此。弄清自己的優勢，發掘自己的強基因，企業才能擁有自己的核心競爭力。企業要想在行業裡成為標竿企業，就要具備獨一無二、無法被模仿的企業強基因。這種強基因，最終將企業的能力與客戶最看重的有效價值完美地融合在一起。

日本有一項非常傳統的工藝，距今已經有幾百年的歷史了。這種工藝最大的特點，就是可以在非常小的漆器上繪製精美的圖畫，這種技藝是別人無法輕易模仿的，這就是日本的強基因，這類產品自然能在市場上獨占鰲頭。

那麼，對於企業來說，應該怎麼挖掘自己的強基因呢？

幾乎每家企業的背後都有一個或者好幾個優秀的企業家。奇異的傳奇離不開傑克·威爾許（Jack Welch）的領導；阿里巴巴的成功與馬雲是分不開的；海爾的成功離不開張瑞敏的運籌

Part1　尋道─挖掘企業的強基因

帷幄。因此，發掘企業強基因，不妨先從企業家入手。

除了企業家之外，企業整個團隊的管理經驗和管理者的水平也是強基因的決定因素之一。因此，團隊強基因也是企業發掘的重點。

除此之外，一個人想要獲得一技之長，就必須每天不斷學習，企業想要獲得強基因，也需要每天進步。不積跬步，無以至千里，每天進步一點點，就能到達自己想去的遠方。

難道知道如何挖掘強基因就大功告成了嗎？還沒有。在挖掘了強基因以後，還需要學會運用。「紙上得來終覺淺，絕知此事要躬行」就是這個道理，實踐才是檢驗真理的唯一標準。

1.　發掘企業強基因從企業家入手

坊間有句俗語：「龍生龍，鳳生鳳，老鼠的兒子會打洞。」雖然這是一句帶有玩笑意味的諺語，但是能夠廣為流傳，一定有其道理。其實，這句話主要強調了一個問題，即「先天傳承」。

這句話從側面印證了遺傳的重要性。其實，創立企業也是一樣，創始人一手建立起的企業，就像父母一手拉扯大的孩子一樣，虎父無犬子，如果企業創始人有很強的基因，那麼其創立的企業必定也是具有強基因的。

企業家的關鍵作用

我們可以想像一下：

沒有史蒂夫・賈伯斯（Steve Jobs），會不會有蘋果？

沒有比爾蓋茲（Bill Gates），微軟還存在嗎？

沒有任正非，華為會不會有今天的成就？

沒有馬雲，阿里巴巴還能不能叱吒電商界？

從某種意義上來說，企業家是天生的，這種「天生」並不是說他注定就是有錢人，或者注定就是大老闆，而是指與生俱來的領導者的個性和氣質。企業家決定企業的發展，企業家的個性會影響整個企業的行事作風，決定企業基因的強弱。企業家對企業基因的強弱造成的決定性作用是不容忽視的。一個可能事關企業未來發展，甚至生死的決策，就會突顯企業家的決定性作用。

企業家的見、識、謀、斷、行

企業家決定著企業基因的強弱。企業家的領導行為，是一個不斷發現問題、解決問題的過程，從決策過程來說就是「知」與「行」的解決問題過程。宋代的理學家朱熹強調「先知後行」，而明代的王陽明則強調「知行合一」。在問題解決過程中，從邏輯上講，應該是先知後行，知而後能行，最後在行動上要達到「知行合一」。

Part1　尋道—挖掘企業的強基因

也就是說,企業家要想讓企業具有強基因,應從「見、識、謀、斷、行」這五個方面提升自己的能力(圖 2-1)。這就好比父母養育孩子,想讓孩子具有強基因,首先父母得想辦法提升自己。

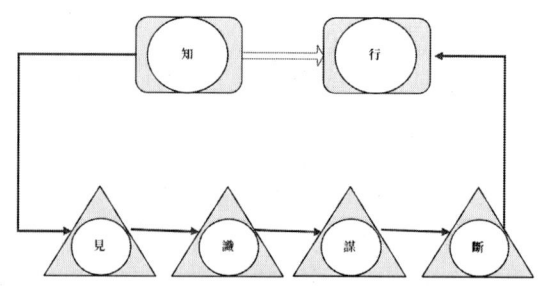

圖 2-1　企業家提升自身能力的 5 個方面

(1) 見

所謂的「見」,是要求企業家一方面具備專業領域的知識,另一方面要樹立強烈的問題意識,要有危機感。在強烈的問題意識下,在為自己定下遠大目標的同時,要懂得不斷去「見」到問題,也就是發現問題。發現問題就是尋找差異的過程。企業家要懂得透過尋找與原定目標的差異、與正常水平的差異、與先進水平的差異、與競爭對手的差異、與變化趨勢的差異,來幫助自己發現企業營運過程中的各種問題。

強烈的問題意識要求企業家一方面站在未來的角度來觀察、思考現在的狀態,另一方面也要求他隨時關注日常工作中蛛絲馬跡的變化,及時發現企業問題。對企業家來說,要

實施「走動式管理」，定期或不定期地經常到企業的各個現場，例如生產工廠、各個部門的辦公室、經銷商處等，透過觀察生產工廠現場的機器運轉、工人操作以及與部門員工的互動等來獲得第一手的資訊，從中發現經營管理中的問題。

親臨現場調查是企業家發現問題的第一原則，只有親臨現場，才能得到第一手的資訊，才能真正把握事情的真相。成功的企業家都是現場調查的最大實踐者和擁護者。

(2) 識

所謂的「識」，就是要求企業家懂得辨識企業真正的問題所在，掌握全域性，把握關鍵。要做到這一點，企業家需懂得從以下三個方面做策略思考 (圖 2-2)。

關鍵在於能夠發現企業所在的行業未來最有可能朝哪個方向發展	趨勢思考
全面掌握企業經營中的各方面資訊	全局思考
抓住關鍵的事項，把握對企業具有關鍵影響的人和事	關鍵思考

圖 2-2　企業家做策略思考的三個方面

企業家的「識」是指在正確思考的前提下，為企業找到正確的方向和目標，以及實施的方法。

Part1　尋道─挖掘企業的強基因

著名的管理大師彼得‧斐迪南‧杜拉克（Peter Drucker）指出，管理者首先要「做正確的事」，然而才是「把事做正確」。對擁有自行定義問題權責的決策者，在他自己做任何謀斷之前，都應該先做上述理解問題的檢驗。唯有這樣，他才能確認自己的決策是「為所當為」；也唯有確認「為所當為」之後，後續的謀斷決策工作才有意義，企業才能避免發生「將相有誤，累死三軍」的資源浪費。

有的企業家因為缺乏系統性，在「識」的工作上做得不充分，導致在「謀」和「斷」的環節上反覆不定，搞得下屬無所適從，除了浪費資源外，還把事情搞得一團糟。

(3) 謀

所謂的「謀」，就是為決策問題研究、擬訂各種可能的備選方案，也就是說「謀」主要進行兩項工作：備選方案的研擬和方案後果的預測。由於「謀」是在為解決問題找對策，所以對策與問題之間必須具有因果關係──也就是「對策」必須具有「解決問題」的效力。

要做好這兩項工作，企業家必須具備相應的專業領域知識。所謂的專業領域知識，就是有關某領域系統演化機制的知識，因此要確認對策與問題之間是否具有因果關係，企業家必須能夠預測對策付諸實施之後，相關的運作究竟會發生什麼變化，包括變化的方向以及變化的幅度。因為唯有決策

者對備選方案的後果能夠做出專業的預測與判斷，才能在後續「斷」的階段，針對各個備選方案進行優劣評估。

「謀」的階段講究創意，這個創意通常來自決策者對系統變化機制的深刻洞察。重大決策的「謀」也講究對問題情境的全面預演，也就是充分預測到決策後可能產生的變化。這就好比下棋，棋手不能只考慮當下的一步，他還必須預想接下來可能的發展。

(4) **斷**

「斷」是指在備選方案中選出解決問題的最佳對策。有謀即有斷，謀與斷就像一對兄弟。當問題解決方案提出後，面對未來的不確定性，企業家需要具備勇於決斷採取哪一種方案的膽識。

(5) **行**

所謂的「行」，是指在確定了方向、方法後，按照既定方案去執行與堅持。在「行」的方面，企業家要具備不達目的不罷休的毅力、能夠克制自己情緒的忍耐力、遇到困難和挫折的沉著冷靜、階段性成功後的不驕不躁，這些「行」的品質是企業家成功的保障。

總體來說，在「見、識、謀、斷、行」這五個方面的特質中，「謀」與「斷」的特質只是一種「把事情做好」的技術層面工作；要真正確保「謀」、「斷」的功夫不會白做，必須進一

步做好它的上游作業——「做正確的事」這一層次的工作，也就是「見」與「識」。作為企業家，尤其需要不斷地提出各式各樣的問題解決方案，以推動公司的發展。「見」、「識」在工作中要居於主導地位。

企業家需要從這五個方面提升自己的能力，才能「孕育」出企業的強基因。

2. 團隊是培育企業強基因的焦點

比爾蓋茲曾經在接受採訪時被問道：「你能不能創造第二個微軟？」

比爾蓋茲很堅定地回答道：「當然！只需要從我現在的團隊中抽調100個人！」

他接著說：「你可以拿走我的產品、我的公司，只要我的團隊還在，我依然可以建立新的微軟王國。」

的確，產品、策略、市場等固然重要，但更為重要的則是團隊。只要你有一個具備強基因的團隊，做什麼都能成功。

產品和市場只是企業發展的途徑，團隊才是挖掘強基因的焦點。企業策略會隨著大環境的變化而變化，但是只要團隊還在，精神還在，那麼不管遭受什麼變故，都可以保持戰鬥力，最終都會成功。

什麼決定了團隊的強基因

團隊的強基因是由團隊的作風決定的。華為有那麼多強勁的對手，為什麼還能一路過關斬將，取得今天的成績？就是因為華為擁有一支作風優良、能打勝仗的團隊，這就是華為的強基因。

華為的團隊充滿「狼性」的風采，敏銳的觀察力、靈敏的反應和群攻戰術都是華為的強基因。華為的銷售人員占據全部員工的三分之一，他們和其他部門的配合相當完美，眾人拾柴火焰高，藉助團隊的力量，努力獲取市場占有率，搶占市場，效率極高。華為從簽合約到發貨，只需要 4 天，這樣高的效率，讓對手望塵莫及。

領導力也是團隊強基因中不可忽視的一部分。舉一個很簡單的例子，一條產品線如果模具出了問題，產品一定會有問題。管理也是一樣，如果團隊的領導力不強，送多少優秀的人到隊伍裡都無法打造出優秀的團隊。俗話說，強將手下無弱兵，如果領導者領導力強，雷厲風行，那麼員工一定會耳濡目染，從而影響自己的做事風格，最後整個團隊就會具有強基因。

既然如此，企業該如何挖掘團隊的強基因呢？這還要從選擇人才開始說起。在上一章我說過，企業的強基因是無法打造的，只能挖掘和培育。所以，只有選拔和培育好人才，組成一個優秀團隊，才能培育出企業團隊的強基因。

將核心高管和合夥人納入麾下

優秀的老闆是一家企業成功的重要因素之一,但是企業想要成功不是單憑老闆一個人的能力就行的,必須有一個有向心力的團隊共同努力。

2011 年,小米手機作為智慧型手機市場的後起之秀,不僅讓手機市場重新大洗牌,還讓掌門人雷軍一炮走紅。這是雷軍一個人的功勞嗎?不是。據了解,小米的合夥人大多是來自微軟、Google、金山等著名 IT 企業的人才。想增加企業規模實力,企業老闆必須做好核心團隊的組建。

那麼現在問題來了,到底如何找到能夠培育企業強基因的核心高管和合夥人,一起迎接挑戰,實現壯大企業的夢想呢?

要想做到這一點,至少要滿足以下三個要素(圖 2-3):

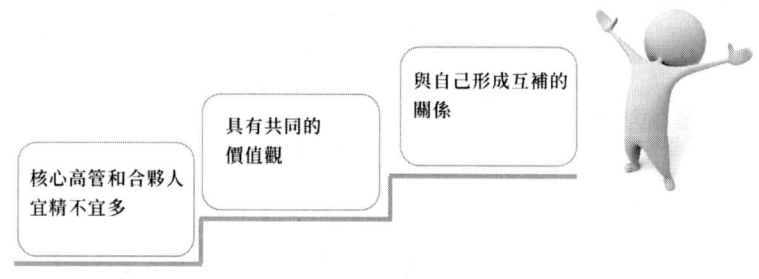

圖 2-3 企業選擇合夥人和高管的三要素

(1) 核心高管和合夥人宜精不宜多

企業在找合夥人時，我的建議是不要找太多的合夥人，因為志同道合的人畢竟在少數，能遇到一個就很難了。創業初期，最佳的創始人數是兩人，比如賈伯斯和史蒂夫·沃茲尼克(Steve Wozniak)、蓋茲和保羅·艾倫(Paul Allen)、威廉·惠利特(Bill Hewlett)和大衛·普克德(David Packard)等，都是一個主外，一個主內，分工明確，成就了非常完美的合作。

(2) 具有共同的價值觀

三觀不合怎麼在一起？選伴侶如此，選擇合夥人和高管更是如此。只有世界觀和價值觀一致的人，才會向著共同的目標一起奮鬥。合夥人和高管對企業未來的設想、目標的確立、企業文化的建立等都是建立在共同的價值觀之上的。可以說，沒有相同的價值觀，就沒有完美的合作。

(3) 與自己形成互補關係

每個人都有自己的短處，就算是企業家也不例外。互補的意思就是，合夥人和高管在不同的領域都有自己擅長的部分，可以彌補對方身上的短處。在很多成功人士看來，合夥人必須各有所長才能更好地分工。比方說一個負責市場，一個負責管理，好的管理人員相當於穩住了企業的大後方，讓企業沒有後顧之憂，這樣才能更好地開闢市場；同樣，有能

力的市場人員，不僅能把產品賣出去，還能和投資人、客戶保持良好的關係。

當企業家在選擇合夥人和高管時，應以上面三個要素為基準，並根據企業的實際情況做出調整，選擇最適合企業的合夥人和高管，企業才能擁有團隊強基因。

最好的中層來自於企業內部

如果把企業比喻成一個人體，那麼老闆和核心高管就是中樞神經，要規劃和思考企業的策略和藍圖；中層管理人員就是脊梁，支撐著企業的結構，協助中樞神經傳遞訊息到企業的每個角落。他們負責企業的溝通，是訊息傳遞的橋梁。

在一家企業中，中層是企業強基因培育的「3號人物」。如果說高層是企業從外面挖來的「高精尖」，那麼中層就是企業內部培養的主力部隊。中層管理者的素質和能力在一定程度上決定著企業的發展。很多企業策略沒問題，員工水準也還不錯，但是業績就是不理想，問題就出在中層管理人員身上。

對企業來說，中層管理人員不要從外部挖來，最好自己培養。為什麼這麼說呢？

首先，內部員工最熟悉自己企業的經營狀況和企業文化。其次，外來人員需要一個磨合期來熟悉公司業務，且對公司並沒有多少情感，容易導致人才流失，甚至機密外洩，

造成不可預估的後果。身為企業家,一定要有一雙伯樂的眼睛,把企業所有的人力資源都開發出來,為企業所用。

把「老 A」訓練成專才

一家企業業績如何,看菁英員工的比例是多少,大概就能知道了。根據二八定律,一般情況下,一家企業百分之二十的員工能創造百分之八十的業績。

這百分之二十就是企業的菁英,俗稱「老 A」,他們就是企業要著重聚焦人力的中心。一家企業或者一個團隊手裡沒有幾張王牌,想要做出業績是非常困難的。如果說高層是全才,那麼「老 A」就是專才。

專才可以靠後天的培養實現,那麼企業家應該如何把「老 A」訓練成專才呢(圖 2-4)?

如何把「老A」訓練成專才

流程步驟
觀察一個員工的興趣愛好

涉及主體
挖掘員工的天賦

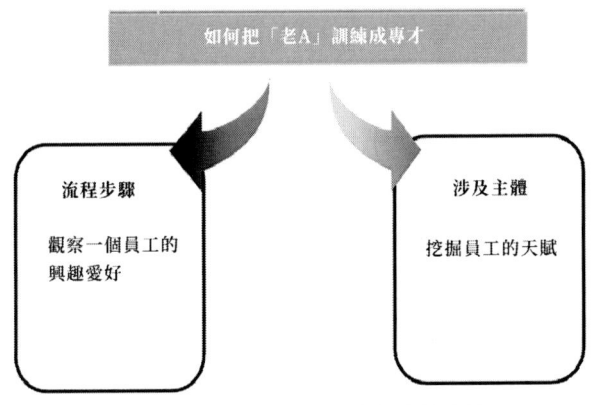

圖 2-4 把「老 A」訓練成專才的方法

(1) 觀察一個員工的興趣愛好

俗話說「興趣是最好的老師」，企業 HR 要特別注意一個員工談到什麼時非常興奮，做什麼工作非常有幹勁，當他面臨巨大壓力時是如何應對的。畢竟，不是所有的人都是天才，那些沒有天賦的人，只要做自己感興趣的事情，透過後天的栽培，一樣可以成為菁英。

(2) 挖掘員工的天賦

所謂天賦，是指一個人在某些方面天生就很擅長，不用費心培養，比如姚明的身高、李雲迪的手、趙雅芝的容貌等。他們在各自的領域非常成功，這和他們的天賦是分不開的。

我曾經協助一家企業做過幾年的徵才和人力資源管理。有一年，我們招聘了一批行銷專業的大學生，透過 3 年的培養和實踐，有幾個能力特別突出的慢慢晉升為區域經理。還有一個反應很敏捷、文筆不錯的男生，我後來把他分配到了市場部做策劃工作。沒過幾個月，市場部總監跟我說這個人不適合這個職位，他對產品不了解，對市場熱點也不敏感，在辦公室更是靜不下心來。

我覺得很詫異，就和這位員工聊聊。後來我才知道，他不喜歡這份「安靜」的工作，他更喜歡去市場上奮鬥，策劃的工作沒有他施展拳腳的地方，他覺得很憋屈。隨後，我又把

他調回了區域經理的位置，他和員工開會時說得頭頭是道，做行銷活動時也遊刃有餘，當年年底就被評為「年度優秀區域經理」。如今，他已經被一家大型餐飲企業挖去做行銷總監了。

就像案例中的這位經理一樣，即使一個人有天賦，放錯了位置，一樣等於零，放錯了位置的人才就是廢物。相反，就算一個人沒有天賦，如果對某項工作特別有熱情，特別感興趣，那就放手讓他嘗試，這位員工成功的機率也會很高。

在一個企業中，善於發現員工的長處和興趣，並且放對位置，庸才也能變菁英。

3. 挖掘並利用強基因的六大步驟

企業家和團隊是挖掘強基因的關鍵所在。那麼我們知道了挖掘強基因的關鍵點，企業是不是就可以成功地挖掘出自己的強基因呢？

當然不是。

並不是每個企業都有能力將強基因挖掘出來的。能夠成功挖掘出企業的強基因，需要老闆及其團隊反覆分析、摸索與總結。大部分企業對於如何挖掘強基因是迷茫的。

我曾經與我投資的企業就「如何挖掘強基因」做過一些探討，結果各式各樣的說法都有。有說成本控制的，有說知識

Part1　尋道—挖掘企業的強基因

管理的,有說創新的,有說品牌的……不一一列舉了。總結他們的方法,好像只是把某個定義放大一些、提升一些就可以成為企業的強基因。

事實是如何呢?雖然挖掘企業的強基因這個理念並不是我獨創,但是如今確實沒有一本專門的書籍來為這一點做個指引。雖然網路上也有一兩篇關於挖掘強基因的方法,但是專業名稱一大堆,引經據典,把人搞得暈乎乎的,反而容易讓企業走彎路。我試圖找出一些通俗的本質的東西,為企業撥開隱藏著強基因的迷霧,成功找到強基因。

那麼,企業究竟該如何挖掘自己的強基因呢?根據多年的實踐經驗和研究,我認為,企業要想成功地挖掘強基因,需遵循以下六大步驟(圖 2-5)。

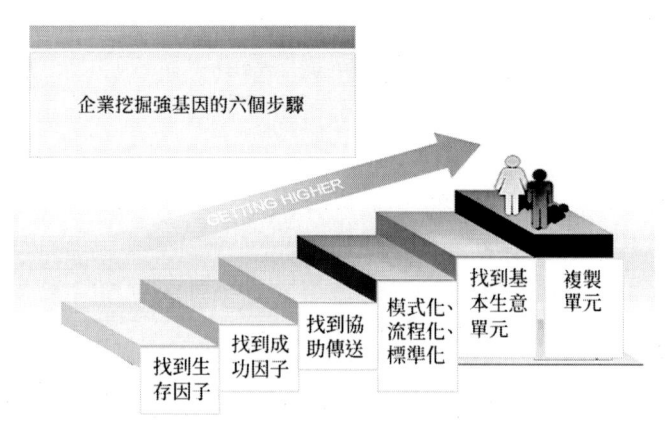

圖 2-5　企業挖掘強基因的六個步驟

第一步：找到生存因子

所謂生存因子，就是一家企業能夠「活」下來最基本的生存元素。例如，在人口比較密集的地方，方圓兩百里以內只有一家餐廳，那麼即使這家餐廳的服務態度很差，大家也會去那裡吃飯。同樣地，方圓兩百里以內只有一家醫院，即使這家醫院的服務態度也很差，但是如果有人生病了，也只能去這家醫院看病。因此，這家餐廳和這家醫院都擁有生存因子。

而一旦有新的餐廳、新的醫院加入，新餐廳、新醫院可以提供比原有的餐廳和醫院更周到、細緻的服務，那麼原有的餐廳和醫院的生存因子就會變得非常脆弱。這說明，原有的餐廳和醫院生命力不強，處於最低層次的競爭水平，隨時有可能會被淘汰出局。也就是說，其現階段的強基因只能支持顧客最低階別的滿意度。

所以，企業需要好好考慮一下：在企業經營的現階段，顧客對企業的態度如何？是非常滿意，還是基本滿意？如果是基本滿意，代表了什麼？代表了顧客一旦找到比自家企業更高級別的產品或服務，就會離開。這也充分表明了，企業的生命力還不強，最起碼在現階段是不強的。

第二步：找到成功因子

對於企業來說，光有基本的生存因子是不夠的，還必須強化自己的生命力，找到企業的成功因子。而要找到成功因

子，企業接下來就需要做好策略集中的工作。

所謂策略集中，就是指將有限的資源集中起來，焦點清晰地去做好幾件重點的事情。我舉個簡單例子，有的企業同時操作五個專案，有的企業只操作一個，二者哪個會操作得更好一些？很顯然，在通常情況下，只操作一個專案的企業可以做得更好，因為人的精力是有限的，企業的資源也是有限的，所謂「力分則弱」。

為什麼這樣說呢？這裡面有個最核心的策略集中問題。具體來說，就是要在顧客購買和享受企業服務的過程中，找到其關注的核心點，然後將資源集中，將核心點做到極致。這個從發現核心點到做到極致的提升過程，叫做最核心的策略集中。

那麼，企業做到什麼程度，才會獲得比較好的效果呢？換句話說，做到何種程度才算找到策略集中，找到企業的成功因子呢？答案是讓顧客感到非常滿意。顧客感覺到非常滿意之後，就會有一個結果出現 —— 決定購買，這會在他們相熟的人群中，形成對產品或服務的口碑傳送。企業要學會從顧客的購買行為中不斷分析和總結，並對決定與顧客購買行為相關元素的傳送、優化和提升，進而挖掘出企業的強基因。

第三步：找到協助傳送

做企業往往就是在幫顧客解決他遇到的問題，為顧客提供能夠滿足他需求的產品和服務。試問，如果顧客沒有遇到

問題，他會不會去主動消費？大部分不會。就是因為有問題，有需求，消費行為才會出現。消費完之後，如果顧客很滿意，就意味著他的問題被解決了，他的需求被滿足了，他的夢想被實現了。這時，如果身邊的朋友遇到了類似的問題和困難，就可以將滿足他需要的這家企業的產品或服務介紹給朋友們。這個過程就是顧客傳送，而且是一種自然傳送，是發自內心的，沒有任何強迫色彩的。

自然傳送如此重要，那麼它發生的機率大不大呢？很難說，因為我們無法精確地跟蹤和統計單個顧客的自然傳送行為。為此，企業要想辦法讓顧客幫助自家企業去做顧客傳送，而宣傳和行銷就是促進顧客幫助自家企業進行顧客傳遞的有效方法，這就是協助傳送。

當找到生存因子、找到成功因子、找到協助傳送三步順利完成時，企業就變成了一家非常有生命力的企業。

第四步：模式化、流程化、標準化

企業可以憑藉「生存因子」、「成功因子」、「協助傳送」把企業做起來，但要增強規模實力，就需要做模式化的轉變。

什麼是模式化？我所說的模式化就是把做得很好的東西拿出來複製，把它做大。成功因子是最重要的一套知識結構和系統，所以，在模式化的過程中，首先要做到的一點，就是把成功因子模式化。

Part1　尋道─挖掘企業的強基因

什麼時候才能啟動模式化呢？是不是做到客戶基本滿意就可以模式化了呢？當然不是。因為模式化什麼，出來的結果就是什麼。比如，製造杯子的模板是破的，那麼複製出來的所有杯子就都是破的。

模式化主要包括四個過程，依次為模組化、流程化、標準化和量化。我們先要了解做好這件事的大體框架，明白需要做好哪幾件事情。要實現模式化，第一步先要做到模組化，然後才進行流程化和標準化，這個順序不能變。

切忌操之過急，不要還沒有學會走，就一下子想跑。很多企業就是因為太著急實現流程化、標準化，反而一下子讓自己陷入了困境。究其原因，就是沒有將後面的工作建立在切實有效的基礎上。

我剛開始做企業投資時就因此遭遇過瓶頸。幾年前，我為一家企業做諮詢，該企業是教育行業的領頭羊。為了保證企業的領先地位，我對企業做了全方位的流程化、標準化改造，請專門的投資機構指導，採用的是本行業最先進的管理模式，我以為這下肯定沒有問題了。誰知，恰恰事與願違，改造只做了一年，還沒有完成，企業就走下坡路了，原來的領頭羊位置開始動搖，對企業的改造不得不停下來。

一番痛定思痛之後，我鼓起勇氣，重新研究了之前夭折的改造計劃，找到了失敗的真正原因。原來，開始流程化改

造的時候，企業還沒有實現模組化。也就是說，還沒有學會「走」，就盲目地開始了「跑」。這樣一來，即使改造採用的是本行業最先進的管理模式，也不會造成應有的作用，甚至還成了企業發展過程中的絆腳石。經此挫折，我終於明白了，要實現企業的可持續發展，就必須先確保模組化的實現，然後才能開始流程化、標準化的程式。經過思考後，我又與企業深入分析企業目前做得最好的業務模式，將它們模組化，然後再做流程化改造，最後取得成功。

而要實現流程化，就必須重視兩個要素：客戶和整體目標。企業需要從客戶的需求出發，促使全體員工為企業的整體目標服務，而不是讓員工們只為部門利益或個人利益服務。

當流程設定完畢，經過一定時間的運作，確保流程有效之後，就可以開始下一步──標準化了。沒有流程化有效運作的基礎，標準化是很難實現的，即使如肯德基、麥當勞那樣連鎖店遍天下的世界知名企業也不能例外。所以，如果我們只是拿出幾個月的時間去短暫學習一下，就想將標竿企業的標準拿來為我所用，是很難獲得預期效果的。

模組化、流程化和標準化的工作完成之後，企業就可以開始規模複製自家企業的成功經驗了，也就是最終的量化。圖 2-6 就是一家企業模式化實施的過程，它是整個企業經營過程中非常重要的組成部分。

Part1 尋道—挖掘企業的強基因

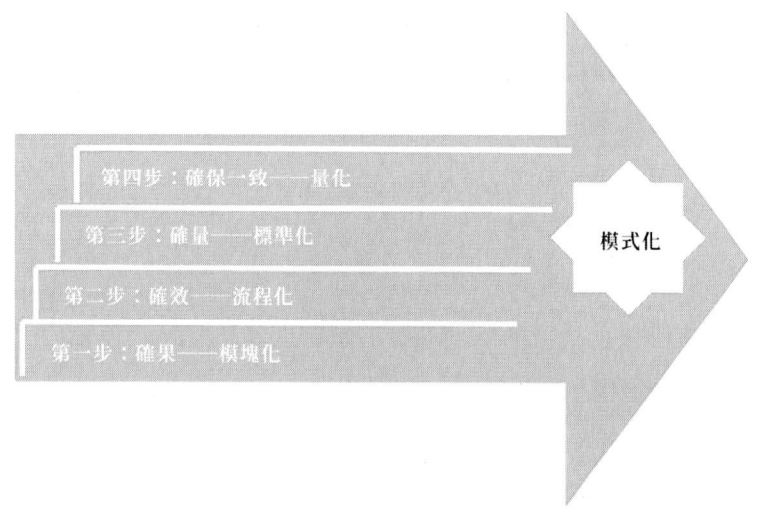

```
第四步：確保一致——量化
第三步：確量——標準化
第二步：確效——流程化
第一步：確果——模塊化
                              模式化
```

圖 2-6　企業模式化實施的過程

在沒有真正把成功因子等核心要素模式化，並複製下去之前，企業很難增強規模實力，企業領導者若將希望寄於「空降兵」來解決企業所有問題是不現實的，解決問題的根本辦法還是靠企業自身成功因子發揮作用。

第五步：找到基本生意單元

模式化之後的步驟叫做基本生意單元。基本生意單元就是成功因子全部模式化之後，企業要利用這些模式化的成功因子完成一門單獨的生意。

比如，在零售終端行業中，一個店鋪、一個店面，就是一個基本生意單元；在一個銷售團隊中，一個品牌商、一個

代理商，就是一個基本生意單元；在保險公司中，一個業務團隊，就是一個基本生意單元；在工廠中，一條生產線，就是一個基本生意單元。

企業要想實現業績增長 10 倍的目標，應該怎麼做？

經過一番實踐和分析，我最後發現，要實現這個目標，要麼是一個基本生意單元實現業績增長 10 倍，要麼是創造 10 個基本生意單元。事情看起來似乎並不難，但是我們一定要清楚，一個基本生意單元是有業績上限的。因此，在提升基本生意單元之前，企業一定要定義清楚，什麼才是企業的基本生意單元。

身為企業投資人和「換道思維」的奠基人，十幾年來，我見過很多企業將營業額做到幾百萬元、幾千萬元之後就再難以突破。究其原因，就是企業總是不清楚自己的基本生意單元是什麼。這樣一來，企業的強基因就無法複製擴大，企業的發展壯大也就無從談起。只有找到了企業的基本生意單元，才會有下一步 —— 複製單元。

第六步：複製單元

什麼叫複製單元？複製單元就是一群人組合在一起，只專門做複製基本生意單元的事情。比如，開一家實體店就是一個基本生意單元，企業裡專門有一個團隊來做複製店、開店、管理店的工作。這個團隊的工作就是複製基本生意單元。

那麼，這個複製基本生意單元的團隊到底是一群什麼樣的人？答案是企業的核心層、管理層。微軟的創始人比爾蓋茲就曾坦言，哪怕把現在所有的東西都拿走，只要把核心的100位員工留下，三五年之後，他仍然可以創造出一個微軟。

也就是說，在比爾蓋茲心中，能夠成功複製微軟基本生意單元的是核心團隊。

核心團隊是企業真正的人才。

只要有核心團隊，就會吸引風險投資，就會創造機會。所以，掌握複製單元的核心團隊，對企業來說意義重大。

沒有模式化就無法去管理，不成單元就難以複製。企業需要把具體工作拆解為一個一個的單元，並讓員工能夠自己獨立運作，只有這樣才能實現有效的管理。如果企業上下到處都是一團亂麻，複製單元就會變得很困難。缺乏基本生意單元，缺乏核心團隊，休想做大企業。儘管有些老闆已經將營業額做到了幾千萬元，但是因為沒有核心團隊，很難讓自己的企業有更好的發展。

綜上所述，挖掘強基因的六個步驟：從基本滿意到策略集中，到顧客傳送，再到把好的東西模式化，然後定義出自己企業的基本生意單元，再去組建企業的核心團隊去複製和管理基本生意單元。於是，企業就可以從一個小小的、不成樣子的「個體戶」變成擁有自己強基因的「大」企業。

4. 如何運用並管理好企業強基因

商業的本質是傳遞價值和參與競爭。因此，對強基因的利用，能夠為企業帶來充分的競爭優勢，並確保企業的持續發展。

不過，企業的強基因能否產生這樣的作用，取決於企業對強基因的運用，以及企業能否將強基因和其他資源相結合。如果對強基因的運作不能做到這一點，將帶來嚴重的後果。同時，伴隨著企業的成長和擴大，企業家也必須培育企業的強基因，讓企業不斷獲得新的定位。

小米作為一家年輕的創業公司，僅僅花費三年時間，就將企業的銷售收入從 0 元做到 1,500 億元，其估值也超過了 100 億美元。要知道，聯想將市值做到這個數字，整整花了 30 年。很多人將小米的成因歸因於其行銷手段。其實小米的成功，在於開發和運用網際網路這個重要的強基因了。

對於小米的成功，其聯合創始人雷軍和黎萬強曾經多次強調過網際網路的重要性。他們認為，小米並不只是銷售手機，而是在利用網際網路向使用者出售夢想和參與感。對此，雷軍說：「相信『米粉』、依靠『米粉』，從『米粉』中來，到『米粉』中去，是小米模式最核心的競爭力。」而這樣的競爭力，源於小米將網際網路視為企業強基因。

小米的成功，不管是其商業模型中的粉絲經濟、期貨策

Part1　尋道—挖掘企業的強基因

略的作用，還是社群媒體平臺的飢餓行銷，抑或小米領導層強調的模型要訣——「專注、極致、口碑、快速」，最終都離不開對網際網路這個強基因的開發。

小米對於網際網路的開發，傾注了很多心血，包括舉辦由 CEO 親自擔任客服的活動、多種線下粉絲交流會、維護社群軟體上的千萬粉絲，時時互動等等。不僅如此，小米還高度資訊化整合產品軟硬體開發過程，每個環節都發動使用者參與其中，讓使用者充分感受到存在感。

雖然小米依靠抓住網際網路這個強基因迅速將企業做大，但是隨著競爭對手的進步，一個問題也隨之產生：包括華為這樣的企業開始意識到學習小米的重要性，越來越多的企業也開始開發網際網路。因此，小米要想保持企業的持續發展，就不能僅僅停留在網際網路這個廣泛的強基因上，而要繼續挖掘自己強基因更深層的東西，就是那些只有自己能夠做得到，而別人做不到的東西。

將強基因作為核心來建立商業模式的格局，是建立在具有策略高度的設計眼光和手法上的。這種高度展現了強基因作為核心要素的重要性，並將強基因作為核心，圍繞企業的使命、執行的領域，形成有機的整體來構築商業模式基礎。所以，能否合理運用、管理企業的強基因是強基因理論的核心內容。

如何合理運用企業的強基因

那麼,企業應該如何合理運用自己的強基因呢?下面是三個行之有效的方法:

(1) 評估已有資源,發掘強基因

企業家要全面評估企業目前擁有資源的價值,發掘強基因。一般來說,企業家都希望自己的企業可以擁有更多資源,但是在現實中,企業擁有的資源並不都能創造出應有的優勢。因此,企業家應該從策略角度出發,以超越對手為標準,綜合權衡和客觀評估資源。

企業家應該多問問自己這些問題:公司哪一種資源最有價值?哪種資源能夠更加持久地發揮價值?哪種資源能夠做到獨家擁有?企業應透過這些問題,分類並測試資源,然後確立其中的強基因。

需要注意的是,如果企業由於各種原因沒有發現任何一項具有較高價值的資源,那就需要透過有效協調、培育,讓現有資源成為強基因。

(2) 長期保持強基因

對於強基因,不僅需要及時發現,更需要長期保持。但客觀現實是,強基因往往會因為環境變化或者對手競爭而難以長期保持。企業只有透過積極進取、不懈努力,充分調動並不斷

Part1　尋道—挖掘企業的強基因

投入企業內部的資源，才能實現對強基因的長期和充分利用。

企業要想長期保持強基因，應該從以下兩方面入手（圖2-7）：

圖 2-7　企業長期保持強基因的兩大要素

一方面，企業應該不斷投資、更新強基因，從而提高強基因的層次。

另一方面，可以透過不斷尋找新的途徑，發揮強基因的最大效用，從而保持強基因在商業模式中的地位，充分發揮強基因的影響和滲透能力，促進企業競爭領域的擴大。

(3)有效分配和協調

一般來說，企業找到自己的強基因之後，還需要對其積極管理、分配和協調。否則，強基因也會變得不再具有「優勢」。

如何管理企業的強基因

下面的方法可以幫助企業提升對強基因的管理水平，並將之應用到自身的商業模式中。

(1) 聚焦強基因

將強基因聚焦在某個能夠與之相匹配的競爭領域中，從而制定專業化的商業模式，並使之形成發展策略，建立屬於該模式的策略優勢，使得企業在競爭中立於不敗之地。

(2) 轉移強基因

當企業現在的強基因已經無法產生最大價值時，企業就應該轉移它，將強基因轉移到與之相配的事業領域，建立新的策略優勢。另外，對強基因的轉移，還可以透過對「人」的轉移來做轉換，因為強基因並不一定都是有形的，也有可能是以知識、方法、經驗、技能和職務、權力、責任等形式存在於不同員工身上，在這種情況下，只有透過對「人」的轉移，才能發揮出這些資源的最大效用。

(3) 共享強基因

近年來，一些企業利用遠端工作、電子商務、整合系統等先進的經營管理元素，建立了新的管理模式，並最終建構成強大的商業競爭的策略優勢。其中，很大原因在於對強基因的共享——讓最重要的強基因占據核心位置，並以此調動

Part1　尋道—挖掘企業的強基因

公司其他資源,從而獲得整體性的優勢。

在競爭越來越激烈的情況下,發掘強基因並把它運用好,顯得越來越重要,而忽視強基因的企業,將會面臨被淘汰的困境。打造策略優勢,將強基因作為核心,才能拉開你和競爭對手之間的差距,讓企業獲得長久的發展。

挖掘強基因是為了找到一塊夠大,而自己又能夠守得住的陣地。

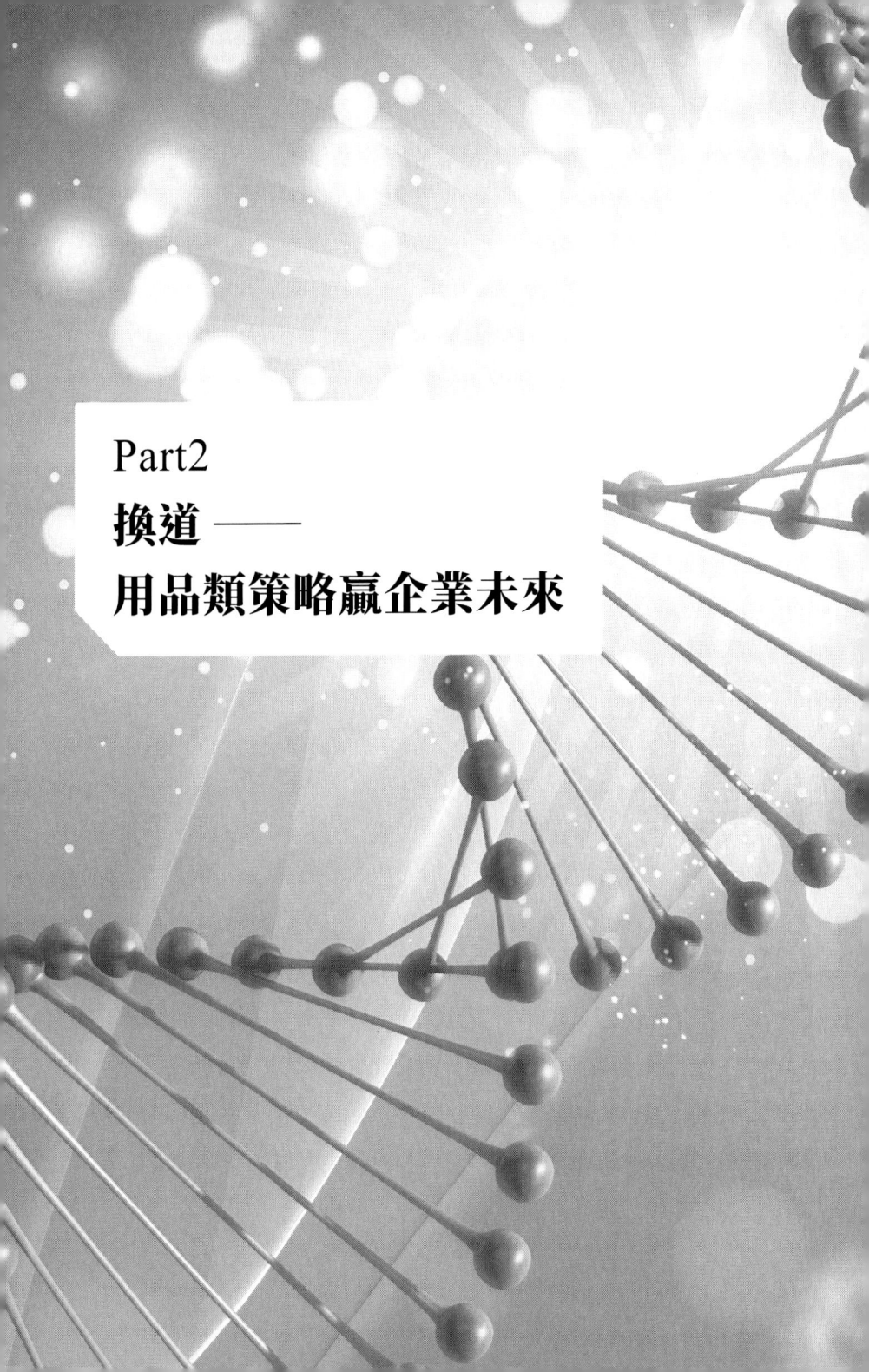

Part2
換道 ——
用品類策略贏企業未來

第三章　換道：
實施品類策略，締造細分領域王者

導讀

　　我說過，一家企業的江湖地位是由它的長處和強基因決定的。那麼，一家企業的市場地位是由什麼決定的呢？

　　我的答案是，品牌。

　　什麼是品牌？從狹義上來說，就是一個牌子，比如 Converse、Nike、adidas、Dior、Chanel……都是品牌；但是從廣義上來說，品牌是那些能帶給消費者美好體驗的產品，能留住消費者的產品。

　　比如提到奶茶，首先會聯想到五十嵐；提到洗髮精，首先會聯想到海倫仙度絲；提到巧克力，首先會聯想到GODIVA；提到披薩，首先會聯想到必勝客等。

　　其實還有很多企業做奶茶、做洗髮精、做巧克力、做餐飲，可就是沒有它們有影響力，只能做萬年綠葉，這就是品牌的威力。

第三章　換道：實施品類策略，締造細分領域王者

那麼，該如何打造企業的市場地位呢？

我的答案是：實施品類策略。

品類是潛藏在品牌之中的洪荒之力。如今，市場上的產品大多都在跟風，什麼紅賣什麼，品類單一，沒有任何競爭力。找準市場，細分品類，才能讓企業趕超競爭對手，在藍海中自由遨遊。因此，企業應該積極開發新品類，挖掘潛在市場，走品類致勝的道路。

說到品類，令我感到遺憾的是，很多企業家根本不知道什麼是品類，更別談品類策略了。即使有少許企業家對此一知半解，也大多是認為品類就是品牌。

—— 到底什麼是品類？

—— 它與品牌又有何關係？

—— 品類策略，能解決企業什麼問題？

—— 企業應該如何實施品類策略，才能讓它更加符合企業自身實際情況，並且適應企業長遠發展需要？

對於這些問題，很多企業是迷茫的，問題千頭萬緒，不知如何下手。那麼，帶著這些困惑，在本章中，你會找到你想要的答案。

1. 品牌還是品類，哪一個更重要

2018 年 10 月，全球知名品牌投資機構 Interbrand 釋出了「2018 年全球最具價值品牌 100 強（Best Global Brands）」榜單，蘋果高居榜首，依然是全球最強品牌（表 3-1）。

表 3-1　2018 年全球最具價值品牌 10 強榜

排名	品牌	行業	品牌價值	總部所在地
1	亞馬遜 (Amazon)	科技	1879.05 億美元	美國
2	蘋果 (Apple)	科技	1536.34 億美元	美國
3	谷歌 (Google)	科技	1427.55 億美元	美國
4	微軟 (Microsoft)	科技	1195.95 億美元	美國
5	三星 (Samsung)	科技	912.82 億美元	韓國
6	美國電話電報 (AT&T)	電信	870.05 億美元	美國
7	臉書 (Facebook)	科技	832.02 億美元	美國

排名	品牌	行業	品牌價值	總部所在地
8	中國工商銀行 (ICBC)	銀行	798.23億美元	中國
9	威訊 (Verizon)	電信	711.54億美元	美國
10	中國建設銀行 (China Construction Bank)	銀行	697.42億美元	中國

看到這些數字,許多企業家一定非常眼紅,「為什麼我的品牌不值錢?」很顯然,大家把品類和品牌混為一談了。

舉一個很簡單的例子,當你走進一家餐廳,服務員問你:「您想喝點什麼?」你會思考:「我是喝啤酒、紅酒還是飲料呢?」想了一會兒,你也許會回答:「一杯可口可樂,謝謝。」

實際上,你使用品牌表達了品類。對於消費者來說就是如此,他們習慣用品類思考,但是用品牌選擇。看起來品牌更重要,但卻不是這樣的。品類和品牌是相互依存的,如果品類消失了,品牌也就失去了存在的意義。

簡單來說,品類就像是一位母親,品牌就像是這位母親孕育的孩子,品牌依附著品類生長。由於孩子太多,母親不可能面面俱到,於是,孩子只能自力更生。

接下來，我們就從品牌和品類的定義，以及品牌和品類的關係來看看品牌和品類誰更重要。

什麼是品牌

說到品牌的定義，一千個人心裡就有一千個哈姆雷特。大多數人覺得品牌就是看誰有名、誰的口碑好、誰的產品賣得好。整體而言，大家對品牌的看法主要有以下三點：

第一，牌子就是品牌。有一部分老闆去工商局註冊個商標，就覺得自己有品牌了，要真有這麼簡單，豈不是隨隨便便一個人都能做品牌？

第二，名牌就是品牌。這是比較「主流」的看法，鋪天蓋地的廣告讓消費者不知所措，最後導致誰的名氣大就選誰，這種情況的出現讓企業紛紛投錢做廣告，忽略產品品質，最後把名牌做成「坑牌」，哪還有品牌可言？

第三，被消費和認可的品牌才是真正的品牌。品牌是企業的臉面，真正的品牌不是金玉其外，敗絮其中，而是秀外慧中。企業如果忽略消費者的需求和認可，一味地吹噓自己，一定會有山窮水盡的一天。

什麼是品類

消費者會根據自己的需求，把自己需要的東西分類，就像收納箱一樣，每個箱子裡就是一個品類。每個箱子裡最多

能放六七個品牌，但是自己經常使用的就只有那麼兩三個，其他都被打入冷宮。

具體來說，品類具備以下五大特徵（圖3-1）：

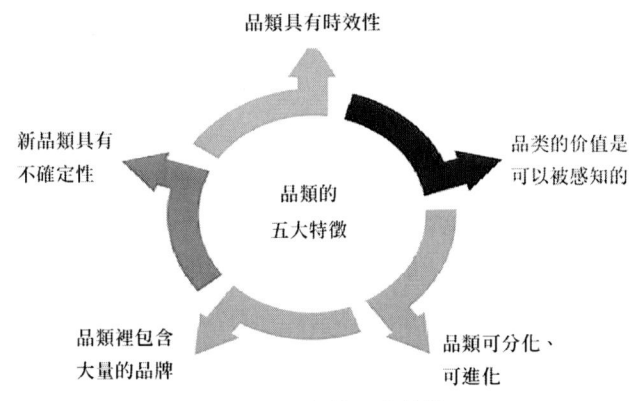

圖 3-1　品類的五大特徵

(1) 品類裡包含大量的品牌

如果把品類比喻成一個大石榴，那麼品牌就是裡面一顆顆的果肉。沒有品牌支撐，品類也會變得十分單薄。比方說汽車是一個大品類，裡面包括BMW、奧迪、賓士、雪佛蘭、Land Rover等品牌；手機是一個大品類，裡面包括華為、小米、三星、蘋果等品牌。

一個品類大小還和它包含的品牌多少有關係。就拿阿膠來說，它本身是一款很好的保健品，但是品類並不大，原因就是踏足這個品類的品牌太少了，沒有形成規模。當生產阿

膠的商家越來越多時，這個品類就會壯大，消費者的關注度也就跟著上升了。

(2) 品類的價值是可以被感知的

每一個新出現的品類一定要讓消費者感受到它的價值。在市場上也有這麼一群不按套路出牌的商業奇才，他們能夠做出非常超前的商品品類，但是不被消費者接受也沒有意義。新品類的價值要高於老品類，戳中老品類的痛點，才有存在的意義和價值。

(3) 新品類具有不確定性

一個新品類之所以能夠發展壯大，離不開自身的價值、品牌的推廣以及品類之間的競爭等，所以，當一個新品類產生時，其發展的不確定因素太多了。

幾年前，當「團購」這個詞剛剛萌芽時，許多品牌削尖腦袋要擠進這個市場。剛興起的市場，瞬間進入競爭白熱化的階段，我們看到的是市場的繁榮，但是背後卻是品牌商賠本賺吆喝。試想一下，到今天，存活下來的團購品牌還剩下幾家呢？

(4) 品類具有時效性

有的品類可以經久不衰，歷久彌新，但是有的品類卻如曇花一現，轉瞬即逝。一個新品類的誕生一定伴隨著一些新的技術，能覆蓋老品類的一些功能。市場變化太快，今天的

新品類也許就是明天的老品類，每一個品類或者品牌都不可能是常勝將軍，我們要隨時保持危機感，自我革新。比如行動電話取代公用電話亭，智慧型手機取代非智慧型手機，數位相機取代傳統的底片相機等，有的品類時效長，有的品類時效短。

(5)品類可分化、可進化

查爾斯・達爾文（Charles Darwin）的「進化論」告訴我們，物競天擇，適者生存。這個道理放在商業中也是適用的，當消費者習慣了某一個品類的功能後，由於人天生的惰性，需求會越來越高，現有的功能就不能滿足消費者的需求了，那就是品類需要進化的時候了。比方說交通工具由馬車進化到汽車，電腦由臺式進化到筆記型電腦，再進化到平板，這既是品類的進化，也是品類的分化。

品類和品牌的關係

我們將品牌和品類區分開後，再來了解一下這兩者之間的關係。

(1)品類品牌相互依存，相輔相成

前面也提到過，品牌和品類是相互依存、相輔相成的關係。這種感覺就像是唇亡齒寒，皮之不存，毛將焉附一樣。這也從側面說明，品類對於品牌的重要性，我們來看看那些已經消亡的品牌，不難發現這個規律。比如說柯達，隨著數

位相機這個新品類的興起及普及，底片相機這個舊品類逐漸消失，底片產業也漸漸沒落，最終依託底片這個品類的柯達品牌也跟隨著品類的消亡而走向死亡。

品類的發展也能為品牌創造很多機會，處在一個前途無可限量的品類裡，品牌當然能蹭一些熱度，為自己帶來一些流量。作為品類裡面的某個品牌，也應該學會眼觀六路，耳聽八方，隨時關注品類的發展動態，為品牌的發展把握機會。

(2)品類品牌相互借力

品牌的人氣起來了，品類才能向前發展。這句話在涼茶的品類裡突顯無遺，隨著王老吉品牌的大紅大紫，涼茶這個品類才被消費者所熟知。

(3)大品類孕育大品牌

就拿汽車來說，隨著人們生活水準的提高，對出行方式也有了更高的要求。因此，在這個大品類裡，也孕育出了許多大品牌，比方說別克、凱迪拉克、福特、福斯，甚至還有高階的瑪莎拉蒂、布加迪威龍、法拉利等等。在一定程度上，可以說大品類養活了大品牌。

(4)品類有風險

如果你現在的強基因並沒有定位在品類上，就盡量不要涉足新品類。心有餘而力不足，很容易讓自己迅速滑落到谷

第三章 換道：實施品類策略，締造細分領域王者

底。身為企業的領導者，必須對整個品類負責，對未來的更新和分化都要瞭如指掌。

2. 品類策略，究竟解決企業什麼問題

知道了什麼是品類，以及品類和品牌的關係後，接下來，我們要討論一個新的話題 —— 品類策略。

什麼是品類策略？在搞清楚這個問題之前，我們先來看看品類策略和細分策略的區別（圖 3-2）。實際上，有很多企業在發展的過程中，很容易混淆細分策略和品類策略。

品略策略和細分策略的區別

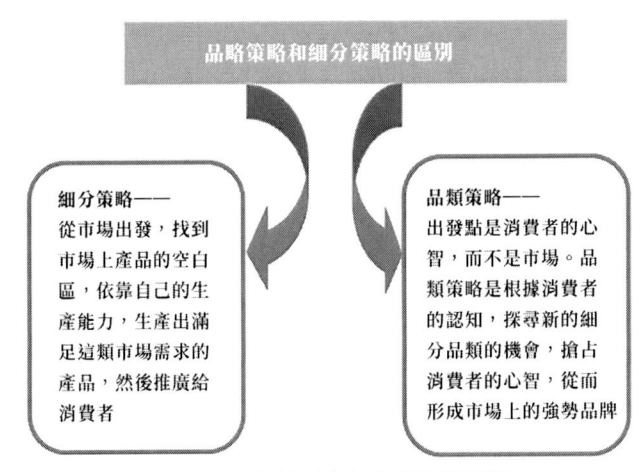

細分策略——
從市場出發，找到市場上產品的空白區，依靠自己的生產能力，生產出滿足這類市場需求的產品，然後推廣給消費者

品類策略——
出發點是消費者的心智，而不是市場。品類策略是根據消費者的認知，探尋新的細分品類的機會，搶占消費者的心智，從而形成市場上的強勢品牌

圖 3-2　品類策略和細分策略的區別

品類策略是放長線釣大魚，因此想要透過品類策略解決企業燃眉之急是不現實的，但是品類策略能夠幫助企業建立

極富競爭力的品牌。具體來說,品類策略能幫助企業解決以下四個問題(圖 3-3):

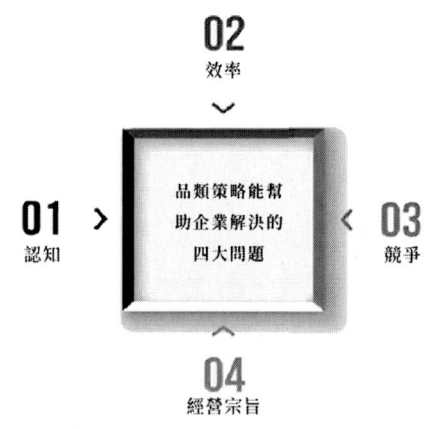

```
            02
            效率
             ∨

  01  >  品類策略能幫   <  03
  認知    助企業解決的     競爭
          四大問題

             ∧
            04
          經營宗旨
```

圖 3-3　品類策略能幫助企業解決的四大問題

(1)認知

如今,市場競爭已經進入白熱化階段,今天你是新秀,說不定明天就被拍死在沙灘上。因此,讓消費者留下深刻的印象,讓消費者記住你,已經成為競爭的重點。脫離了消費者的認知,你就是零。

當你想要點外賣,開啟 App,在映入眼簾的無數商家中,你能一眼看到、一下想起哪一家,這就是品牌夢寐以求的認知。這對品牌來說,是最大的競爭力。

管理大師杜拉克曾說:「企業真正的經營成果,不是財報冰冷的數字,而是企業外的口碑。」這裡的口碑就是指品牌,

如果這個品牌沒有任何品類,讓消費者如何記住?對消費者來說,他們是用品類來選擇,用品牌來表達的。

消費者透過品類認識一個品牌,要搞清楚你是誰,先得搞清楚你是什麼品類。這也是假冒偽劣產品兩年要改三次名字的原因所在。企業的認知越精準越好,越聚焦越好。但是,從另一個角度來說,如何選擇細分、如何聚焦,也是值得企業家細細研究的,而不能僅憑著一時衝動。

對此,我的建議是,聚焦優勢品類,也就是能夠淋漓盡致地表達出你的強基因的品類,這樣才會有認知優勢。不解決認知問題,企業就會舉步維艱。

(2)效率

想在市場上拔得頭籌,搶占先機,核心就是效率、效率、效率!重要的事情說三遍。

在你眼裡,企業的效率只有工作效率嗎?不,人效、時效、品效、能效,在企業的經營管理中都有著舉足輕重的地位,哪一個環節都不能掉以輕心。

一個企業的外部認知不清晰,內部的管理效率就很難提升,所以說,解決外部認知問題,是提高效率的基礎。

在我的社群軟體上,我常常看到一家餐廳的老闆到處學習,今天去法國,明天去東南亞,後天又到一個巷子裡跟老師傅學私房菜,但是自己餐廳的經營狀況就是沒有任何改

變。因為他不知道如何規劃品類策略，整個餐廳上下也是一團糟，今天做考核，明天做培訓，一點章法都沒有，餐廳一天不如一天，最後只能倒閉。

一旦企業品類清晰，消費者有了明確的認知，老闆找到了新的支點，企業的營運效率就會高很多。

企業要以品類策略為核心，才能研發出滿足市場的產品，從而提升自己在消費者心目中的地位，促進企業的發展。

(3) 競爭

競爭的最高境界不是戰無不勝，而是不戰而勝。如今的市場競爭，不僅僅是市場占有率的爭奪戰，更是一場獲得消費者認知的廝殺。

企業在市場競爭中，要把品類的強基因和優劣勢放在著重思考的地位，因為對於企業來說，市場競爭表面上是品牌之間的競爭，實際上是品類之間的競爭。

總而言之，企業之間的競爭，已經從品牌競爭過渡到品類競爭。誰把品類策略玩得好，誰就是贏家。

(4) 經營宗旨

現在的企業大多都是勞動密集型產業，想讓大家團結力量大，就必須用統一的主義引導他們，讓他們有共同的行為標準。假如大家的心都不在一個點上，又怎麼能齊心協力，

共進退呢？

制定好品類策略。老闆不再東一榔頭，西一棒子，不再想著模仿借鑑，而是苦心孤詣挖掘自己的強基因，進而將企業的核心競爭力定位到自己的強基因上，才能讓企業走得又好又遠。

以上四點便是品類策略能解決企業核心問題，我們也可以說這是品類策略對企業的作用所在。

品類策略或許不能保證企業今天能賺錢，但是一定能保證企業以後能賺錢，而且會一直賺錢。當有一天，你找到適合自己的品類，並重新定義，大力推廣，最終主導並占據這個品類，成為這個品類的代表者，或者說是這個品類的老大，一個強勢的，還帶著點壟斷色彩的品牌就此橫空出世。

3. 三段 11 步：品類策略的實施步驟

品類策略的理論是全球最頂尖的行銷策略家傑克·特魯特（Jack Trout）提出的，近幾年在國內傳播得十分迅速，受到了企業家們的廣泛追捧。但是實踐的多，成功的少。那麼，到底是特魯特的理論思想有問題，還是企業有問題？

關於這一點，我認為，特魯特的品類策略是絕對沒有問題的，這也是我推崇這個理論思維的原因所在。另外，企業也並非有問題，而是絕大多數的企業還沒有真正領悟到實施品類策略的精髓。

事實上,品類策略不是單獨的某個經營策略,而是一個系統策略工程,它至少需要三五年的時間來沉澱、累積能量,才能實現。

那麼,企業實施品類策略的步驟到底有哪些呢?

經過多年投資和培訓諸多企業,我總結出以下企業實施品類策略的三個階段、11個步驟,我把它稱為「三段11步」(圖3-4)。

準備期:定位新品類

所有新品類的面世都面臨著一個重要的問題,那就是消費者到底知不知道我是誰。當消費者第一次看到這個新品類時,他們會猶疑:這是什麼?能做什麼?

我需要嗎?消費者的好奇心「保固期」很短,所以企業必須趁熱打鐵,盡快讓消費者獲得正確的認知,解答他們的疑問,特別要注意一些負面資訊的傳播。

消費者對品類的第一印象將決定品牌將來的命運,因為第一印象很難被改變。從這個原因來看,很多品牌之所以沒有成功,也許從剛上市的那一秒鐘就注定了。新品類在準備期時,一定要穩紮穩打,腳踏實地把每一步走好。在這個過程中,企業應該從消費者的需求出發,為品類下一個明確的定義,找準目標市場和人群,並且在這個「根據地」裡合理地規劃策略進度。

第三章 換道：實施品類策略，締造細分領域王者

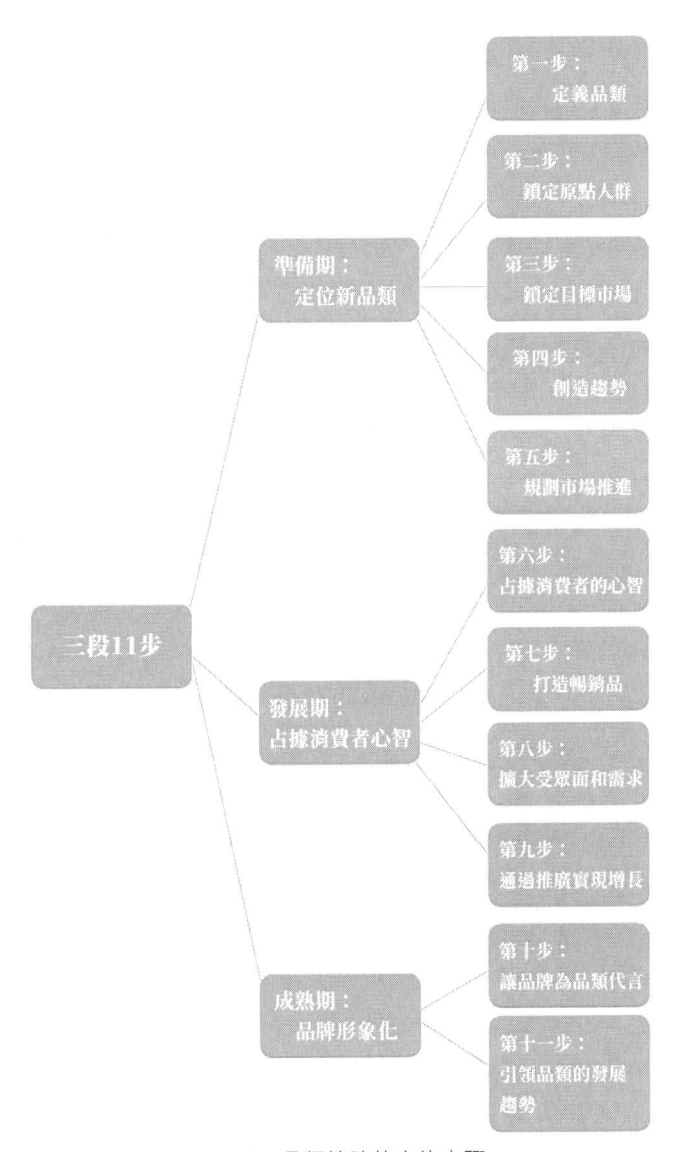

```
                            ┌─ 第一步：定義品類
                            ├─ 第二步：鎖定原點人群
              ┌─ 準備期：    ├─ 第三步：鎖定目標市場
              │  定位新品類  ├─ 第四步：創造趨勢
              │              └─ 第五步：規劃市場推進
              │
              │              ┌─ 第六步：占據消費者的心智
三段11步 ─────┼─ 發展期：    ├─ 第七步：打造暢銷品
              │  占據消費者  ├─ 第八步：擴大受眾面和需求
              │  心智        └─ 第九步：通過推廣實現增長
              │
              └─ 成熟期：    ┌─ 第十步：讓品牌為品類代言
                 品牌形象化  └─ 第十一步：引領品類的發展趨勢
```

圖 3-4　品類策略的實施步驟

083

在品類準備期,就應該站在終點來思考,假如你想把這個品類做大,就應該不斷研究那些大品類的發展歷程。企業在準備期的工作,主要有以下五個步驟:

第一步:定義品類

一定要為品類下一個清晰的定義,只有當消費者對品類有清晰的價值認知之後,才有可能在心裡為品類騰空一個新的收納箱,並存放下來。之所以要定義,目的就是推動品類的快速成長,擴大自己的市場占有率。

第二步:鎖定原點人群

原點人群是對這個產品品類需求最高的人,他們可能對這個品類極度了解,或者是這個品類的「死忠粉」。這類人在目標消費者中具有很大的影響力和號召力。

第三步:鎖定目標市場

目標市場就是新品類最容易成長的市場,是接受力最強的地方。在目標市場中最具有代表性的地方就是理想的原點市場,在這裡,消費基礎有保障、範圍廣。

第四步:創造趨勢

打造品類和打造時尚是截然不同的兩個方面,打造品類最忌諱一驚一乍、大起大落,打造品類的關鍵在於創造趨

勢。針對原點人群,讓他們影響消費者,使消費者對品類有完整的認知,願意深入了解。

第五步:規劃市場推進

新品類的推廣方式應該由高到低,首先在目標市場和原點人群中造成一定的影響力,再透過一系列的推廣活動層層影響,逐漸擴大品類的接受範圍,累積能量。

發展期:占據消費者心智

成功創立了新品類只是開啟了一個新市場,企業要想進一步發展,就要努力當新品類的主人,成為消費者心中品類的代表,與此同時,還要促進品類的發展,不斷挖掘潛在市場。在這個階段,新品類已經被消費者漸漸接受,接下來將會進入一個快速的發展期。

在這個階段,企業要確保消費者依然對品類懷有好奇心,並且做出一些改變,讓品類的需求越來越大,促進品類的發展。同時,企業還要隨時關注自己的競爭對手,以防乘虛而入。發展期由以下四個步驟組成:

第六步:占據消費者的心智

企業要避免讓自己辛苦開發出來的品類變成炮灰。在這個階段,企業要使出渾身解數讓大家知道這個品類是企業自己開創的,占據消費者的心智。

第七步：打造暢銷品

隨著品類發展得越來越好，會逐漸形成規模效應，此時應該融合一些比較有熱度的元素，打造暢銷產品的形象。要製造口碑和潮流，引發新一輪的跟風。

第八步：擴大閱聽人面和需求

一旦穩定了品類在消費者心目中的地位，接下來的重點就應該放在擴大閱聽人面上，讓品類的需求更廣，迅速走出原點期。

第九步：透過推廣實現增長

為了讓品類穩定發展，而不是成為一條拋物線，企業應該加大投入，啟動大規模的宣傳轟炸，透過大規模的推廣實現增長。

成熟期：品牌形象化

假如某個品牌能夠堅守自己在這個品類中的霸主地位，讓自己長盛不衰，那麼，接下類品類的興衰就由品牌來決定了。品牌化的象徵就是，企業繼續推動品類的發展，然後把自己的品牌打造成這個品類的代表。

在這個階段，除了要不斷進化品類，更重要的是要讓品牌形象化，更深入人心，增加品牌的情感需求，讓消費者的

黏性更高。這一點，對於進一步推動品類發展、擴大閱聽人面、獲得利潤回報是非常重要的。成熟期包括以下兩個步驟：

第十步：讓品牌為品類代言

隨著品類的發展，企業和品牌也在漸漸壯大。在這個過程中，企業要把注意力放在自身品牌上，讓品牌為品類代言，讓消費者一想到這個品類，就聯想到自己的品牌，這樣，品類和品牌才能攜手走得更長遠。

第十一步：引領品類的發展趨勢

品牌作為這個品類的領軍者，想要維持自己的地位，就要藉助自己的影響力，不斷更新、改造產品，提升自己的競爭力，提高競爭標準，要有「我就是這個行業的標竿」的霸氣。

總而言之，實施品類策略的過程，就如同種一棵樹，要先找好一片肥沃的空地，埋下種子，等待它生根發芽。當大樹還是一根幼苗的時候，千萬不要揠苗助長，做品類延伸，而是要等到樹幹和樹枝變得粗壯後，才能擴展枝葉，讓小樹成為一棵參天大樹。

4. 10年600億，
   六個核桃是如何實施品類策略的

長期以來，困擾老闆範召林的一個問題就是，為什麼中國北方的植物蛋白飲料始終打不進南方的市場？難道這就是自己的宿命嗎？

那時養元集團共有十多個產品，有大名鼎鼎的六個核桃，還有一些小類產品，年銷量始終在15億左右徘徊。經歷了創業初期的腥風血雨，在市場上站穩腳跟後，養元集團正在尋找一條可持續發展的道路。而銷量頂尖、消費者口碑較好的六個核桃成為他們的首選。

但是，當時的飲料市場有這樣一個魔咒：南方跨不過黃河，北方游不過長江。中國飲品品牌進入了一個瓶頸期，始終跨不過幾十億級這個坎。

就在大家等著看好戲的時候，2016年，六個核桃交出了一份讓大家驚掉下巴的成績單：市場銷量突破600億！六個核桃就這樣在人們的注視中，悄悄改變了植物蛋白飲料這個品類的品牌排位，一躍成為主流「大咖」。

六個核桃不僅跨過了長江黃河的分界線，還打破了幾十億瓶頸的限制。它用十年的時間書寫了一個品牌逆襲的神話。

六個核桃的成功，讓市場為之震驚的同時，也讓大家好奇它的背後到底有什麼武林祕籍，這麼快就打通了任督二

脈。這本武林祕籍就是十年前六個核桃採取的品類策略。六個核桃十年的發展史，也是企業品類策略的實踐史。

俗話說，十年磨一劍，六個核桃的品類策略之所以能爆發出如此大的能量，離不開長期的經驗累積和沉澱。透過對六個核桃品類策略的研究，我總結了企業實施品類策略的一些基本法則和核心要素。我們不妨帶著一顆不恥下問的心，來看看六個核桃是如何讓一個新品類慢慢沉澱，最後釋放出巨大威力的（圖3-5）。

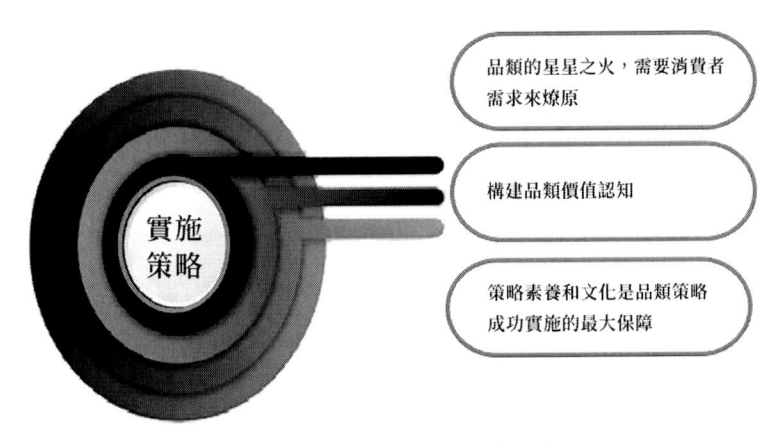

圖3-6　實施品類策略的三大要素

品類的星星之火，需要消費者需求來燎原

所有不以消費需求為出發點的商品，都是市場的「流氓」。有資料表明，每年新品的失敗率高達90％，這是為什麼？因為商家太任性，根本不考慮消費者的需求。

Part2　換道—用品類策略贏企業未來

　　一條毛巾採用百分百竹炭製成，這能滿足什麼需求？跟消費者有關係嗎？

　　雪山冰川採集的水，有什麼功效？消費者為什麼非喝不可？

　　消費者在購物時，常常是需要什麼就買什麼，此時消費者思考的是產品的品類。因此，對消費者需求有敏銳的觀察力，是品類策略的重中之重。這也是六個核桃在實施品類策略過程中首要解決的問題。

　　十年前，植物蛋白飲料被當作是當地的風味飲料，具有地方特色。既然是地方特色，消費者可以選擇喝，也可以選擇不喝。對於消費者來說，並沒有強烈的需求願望。這也是植物蛋白飲料地位尷尬的主要原因。同時，地域性的特徵也阻礙了植物蛋白飲料的主流發展之路。

　　假如六個核桃還是在風味飲料的小圈子裡自娛自樂，那麼跨不過長江，破不了幾十億的魔咒將在六個核桃身上再次上演，植物蛋白飲料品類又多了個尷尬的存在。想要戰勝這個困難，首先必須開拓一個全新的市場，讓六個核桃跳出以前的圈子，才有新的機會。為此，六個核桃對自己的價值塑造做了深思。

　　從自身原料屬性和社會特性兩個方面出發，六個核桃發現了一個消費者的痛點。人們都希望自己是個聰明人，腦子

靈光，特別是現在，學業壓力和職場競爭都這麼激烈的情況下，誰都不甘落後。在這樣的社會背景下，人們急需一種產品能夠提高自己的腦力，變得聰明。

另一方面，核桃確實被證實有益於大腦，並且，在傳統的思維裡，也認為多吃核桃能變聰明。但是核桃的外殼太硬，吃起來不方便，加上核桃的外皮還有些澀澀的味道，很多人吃不慣。這就造成了雖然核桃好，但是懶得吃的現狀。六個核桃改變了核桃的使用方式，把「吃」變為「喝」，以甘甜美味的飲料形式，讓消費者接受，輕鬆地獲取核桃的營養。

說到這裡，你大概已經對六個核桃的品類策略有了一定的認識吧。我們一起來總結一下：六個核桃用既美味又營養的核桃露來滿足消費者補腦的需求，把自己塑造成為一個有益大腦健康的營養飲料的形象，成功甩掉了風味飲料的帽子，這就是它的品類策略。

品類的星星之火，需要消費者需求來燎原。消費者的需求越強烈，這把火就燒得越旺。在當下激烈的社會競爭環境下，不管男女老少，不管南方北方人都需要補腦，有益大腦健康的品類價值突破了地域和人群的限制，讓市場的邊界不斷擴大。

資料顯示六個核桃的這種策略是正確的，圖 3-7 是六個核桃從 2009 年開始實施品類策略至 2017 年的銷售量。

六個核桃2009～2017年銷售量

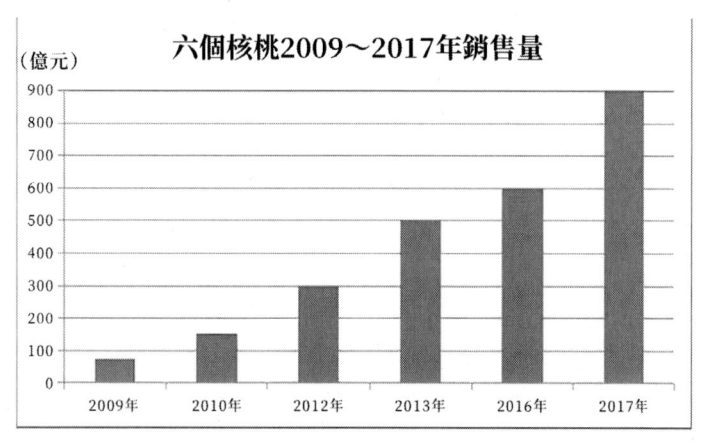

年份	銷售量（億元）
2009年	75
2010年	150
2012年	300
2013年	500
2016年	600
2017年	900

圖 3-6　六個核桃 2009 ～ 2017 年銷售量

透過圖 3-6 的資料我們可以看到，自從實施品類策略後，六個核桃的銷量一直在成倍數增長。這是在十年前，被打上風味飲料的植物蛋白飲料根本不敢想像的成績。六個核桃十年品類策略的實踐成果，也正是需求締造的市場傳奇。

因此，企業在施行品類策略時，一定要把消費者的需求放在首位。六個核桃的成功，就是最好的證明。

建構品類價值認知

人類的價值認知對我們的行為有著深刻的影響，特別是在做選擇時。在商業時代，當消費者面對多種購買選項時，促使他做出決定的，就是腦海深處的價值認知。

對於不同人的需求，一瓶水的認知價值也出現了差別。

對於那些社會基層的普通人來說，需要便宜實惠；對於中產階級來說，需要安全；對於那些高階人士來說，需要的則是格調。這就是價值認知對消費的影響。不斷加強消費者對產品品類的價值認知，就是在強化他們的需求。

品類策略的實施，察覺到消費者的需求只是邁向成功的第一步，接下來的萬里長征，還需要企業不斷宣傳品類的價值，為品類策略的實施添磚加瓦，以保證消費者的認知不會產生偏差，進而讓消費的需求維持得更長久。

既然如此，企業應該如何建構品類價值認知呢？六個核桃的經驗又有什麼值得我們學習的呢？我們接著往下看。

六個核桃的成功不是依靠天花亂墜的大規模廣告，而是數十年如一日穩紮穩打，圍繞有益大腦的品類策略，扎實地做好了消費者的價值認知，在每個策略節點做對了戰術動作的厚積薄發。

(1) 提升品牌價值，提防潛在危機，保證品類健康可持續發展

在施行品類策略的過程中，隨著品類市場的不斷壯大，銷量越來越好，品類中的代表品牌幾乎成了品類的代名詞。不僅要面臨消費者越來越挑剔的需求，還要應對競爭對手時不時放出來的冷箭。為了保證江山穩固，在這個階段的品類策略中，首要任務應該是保證品類安全，確保品類可持續發展。

在六個核桃十年的品類策略中,其不斷地提升品牌價值,一方面加強消費者對自己的信心,為品類以後的發展打好堅實的基礎;另一方面積極採取措施,防止樹大招風帶來的負面效應。

(2)注入品類價值符號,
幫助消費者建立正確而清晰的品類價值認知

人類透過感官來建立認知,形成對品類的基本概念。因此,為了鞏固消費者的價值認知,六個核桃圍繞著感官體驗,讓消費者對自己的產品有了更加清晰的價值認知。在品類發展的各個階段,六個核桃不斷為產品灌輸各種價值符號,加深消費者感官體驗。

比如,匯入廣告詞「經常用腦,多喝六個核桃」。透過經常用腦這個場景,讓目標消費者感同身受,覺得自己的情況和廣告裡說的一樣,喚醒他們的消費需求。與此同時,又把需求和六個核桃緊緊地連繫起來,透過反覆宣傳,達到認知效果。再比如,匯入具有影響力的代言人,六個核桃邀請了著名主持人魯豫作為形象代言人,用知性、智慧的形象顛覆了以往選擇外形亮麗的代言人的傳統,強化了消費者的認知。

策略素養和文化是品類策略成功實施的最大保障

所有策略的實施都離不開人，六個核桃的品類策略之所以成功，不僅是因為其對品類的價值定位很精準，更是因為策略戰術運用得非常得當。主要展現在以下兩個方面：

(1) 決策者有著雷厲風行的強基因

範召林在決定實施品類策略時，對市場有敏銳的觀察力和精準的判斷力，以及大無畏的勇氣，這些強基因在他身上表現得淋漓盡致。2009年，範召林在品類策略會議上，當場就拍板決定了策略方針。不到一個月，「經常用腦，多喝六個核桃」的廣告就登上了各大電視臺。

養元集團在落實決策時雷厲風行，一秒都不耽擱，就是為了保證品類策略的高效實施。六個核桃的成功和決策者的強基因息息相關。

(2) 養元公司是一家有著行銷強基因的企業

養元公司為品類策略的實施培育了一支有著行銷強基因的行銷大軍，保證六個核桃能夠深入人心。

企業實行品類策略就像是萬里長征，大部分失敗的原因不是策略的問題，而是執行的問題，六個核桃的十年經驗再一次印證了這個道理。因此，企業有了品類策略的構想還遠遠不夠，還需要進一步研究、理解策略，當真正理解透了品類策略的含義，才能開始實施。

5. 企業實施品類策略的四大失誤

俗話說，當局者迷，旁觀者清。企業在實施品類策略時，往往因為身在其中，有些情形看不清，而誤入歧途。整體而言，企業容易進入的失誤有以下四點，我們一起來看一下（圖 3-7）。

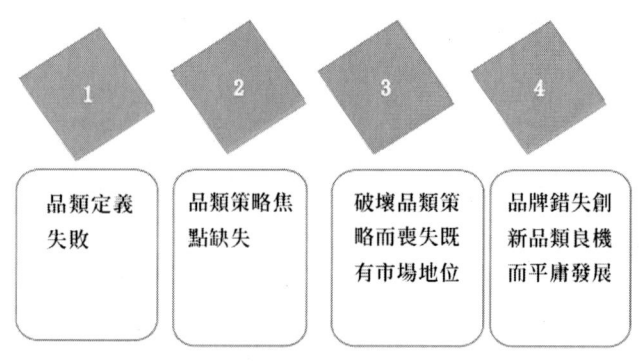

圖 3-7 企業實施品類策略的四大失誤

1. 品類定義失敗
2. 品類策略焦點缺失
3. 破壞品類策略而喪失既有市場地位
4. 品牌錯失創新品類良機而平庸發展

失誤一：品類定義失敗

品牌由兩部分構成 —— 品牌名和品類名。品牌名一定要有特點，讓人過目不忘；品類名一定要符合常識和邏輯，切忌不倫不類。但是大部分企業都搞反了，品類名五花八門，讓人摸不到頭緒。

失誤二：品類策略焦點缺失

能做到創新或者聚焦，只能說明選對了方向，品牌想要擴大自己的市場占有率，還要透過選擇恰當的競爭對手擴大自己的品類空間。

失誤三：破壞品類策略而喪失既有市場地位

一家企業成功的原因，大部分是因為聚焦於某一個品類，把所有的注意力都放在這個品類上，資源集中，從而獲得成功。但是人的欲望是無限的，當成功聚焦後，擴張的欲望又開始指引企業破壞品類策略，稀釋顧客黏性和品牌，最終失去市場。

失誤四：品牌錯失創新品類良機而平庸發展

企業發現了一個新市場，或者有一個新產品的點子，甚至是研發了新產品，假如企業沒有掌握正確的細分品類的方法，還是沒辦法取得成功。

上面提到的品類策略的四大失誤是我在長期實踐中不斷總結的經驗和教訓，希望讀者能夠跳出失誤，更好地實施自己企業的品類策略。

Part2　換道─用品類策略贏企業未來

第四章　聚焦：
聚焦品類，企業才會實現彎道超車

導讀

　　俗話說人多力量大，說明氣力往一處使的重要性，也就是聚焦的重要性。在特魯特的品類策略裡，也強調了聚焦的重要性。

　　如今的市場，最缺乏的就是注意力，不少商家只看到利益，什麼商品賣得好就做什麼，沒有特色，沒有吸引人的點。正確的做法應該是把注意力放在一個消費點上，把所有的精力和資源都聚焦於此，讓自己的品牌成為所在品類的佼佼者，進而成為品類的代名詞，在消費者的心裡扎根。

　　抓不住消費者心的品牌，注定也賺不到消費者的錢，最後必將面臨被淘汰的命運。而搶占消費者心智的方法，就是找到自己的強基因，集中火力於一個目標，專注於細分市場，也就是要找到一塊足以守得住的陣地。一言以蔽之，就是聚焦。

第四章　聚焦：聚焦品類，企業才會實現彎道超車

聚焦品類不僅僅是針對那些已經有一定閱聽人群的品牌，對於剛剛進入飽和品類的新興品牌來說，聚焦品類也意味著先以小標籤為切入點，站穩腳跟，然後再逐步擴大自己的經營範圍，才能在這個市場中生存，讓消費者記住自己。

品類聚焦是一個捨棄的過程。

在傳統思維裡，很多企業往往認為想做第一就是要超過第一：第一名的空調省電，我就要比它更省電；第一名的沐浴露保濕，我就要比它更保濕；第一名的電腦執行快，我就要比它更快……這種方式只是在鑽牛角尖，更像是以卵擊石。到最後，也許並沒有達成目標，反而還拖垮了自己。正確的做法應該是，捨棄掉很多消費者心智中已被占領的品類。

就拿洗髮精來說，起初，海倫仙度絲幾乎實現了這個品類的壟斷，之後又出現了潘婷、施華蔻等，零零散散的小品牌就更多了，基本上出現在洗髮店裡的都是那些連名字都叫不出來的小品牌。

最開始，基本上所有的洗髮精品牌都圍繞著去屑、潤髮做文章。接著有商家發現，有一部分消費者相比於頭屑的困擾，他們更擔心脫髮。於是他們就推出了一款專門針對脫髮消費者的產品，滿足了這部分消費者的差異化需求，開拓了一片屬於自己的天地。

既然品類聚焦這麼重要，那麼企業該如何做呢？

第一，要聚焦還是要多品類發展 —— 產品特點；第二，聚焦產品，重點關注高毛利 —— 利潤優選；第三，欲做強勢，必做趨勢 —— 趨勢分析；第四，品類空間決定企業銷量 —— 品類空間確定；第五，瞄準週期，把握趨勢 —— 成長週期判斷。

企業可以把這五大要素做成一個表格，透過相關的要點來判斷產品狀況，再根據最後的結果決定這個產品是否值得聚焦。

上述五個要素缺一不可，但是對於企業來說，規模不一樣，經營範圍不一樣，要素的重要性也就不一樣。企業的首要目標就是賺錢，利潤最重要，然後是產品特點，接著是產品的發展趨勢，所以根據上述分析排位，這五個要素，排在首位的就是利潤空間。

1. 品牌想做大，要聚焦還是多品類發展

如果我們隨便到一個大賣場去問店員：眾多的產品中哪個賣得最好？一般也就是那幾種。比如大型生活超市裡的飲料可能有幾十個品種，但真正賣得好的也就是兩三種。

在企業參與市場競爭的過程中，產品就是「武器」，但不是越多就越厲害、戰鬥力就越強，也不是企業現階段所有的

產品都是「有效武器」,投放到市場上都能為企業帶來銷量和利潤,帶來品牌影響力,推動企業發展。

武俠小說中誇耀一個人會說他「武功高強」、「十八般武藝樣樣精通」。真有這樣的高手嗎?閉上眼睛回顧歷史,你會發現,真正厲害的武將都有自己的招牌兵器——關羽用大刀、張飛用丈八蛇矛、趙雲用槍、秦瓊用鐧、尉遲恭用鞭等等,如果關羽上陣打仗一分鐘換一件武器,他就不可能流芳百世。

不是所有產品對企業發展都具備推動力。有些產品可能一上市就銷得多虧得多;有些產品可能一出現就是「瘦狗」;有些產品形同雞肋,「食之無味,棄之可惜」;有些產品具備明星產品的潛質,卻人為地被否定、被埋沒、被劃歸為「瘦狗」,或者作為「問題」產品被打入冷宮。

那麼,如何才能走出這個困境呢?

答案就是,減少品類。

說到這裡,你或許會提出質疑:品類少了,就意味著產品少了,怎麼可能增加利潤呢?

如果你這樣想,那就大錯特錯了。事實恰恰相反,品類減少了,企業反而更容易取勝。因為專注於某一個專案、某一個品類、某一個產品的突破,資源可以高度集中,同時還能減少人員冗雜、過程煩瑣帶來的不必要支出。所以,減少

品類，聚焦一個品類，是塑造強基因，增強企業規模實力最簡單實用的方法。

企業不聚焦品類導致的問題

然而，令我感到遺憾的是，在現實中，越是簡單的道理越是容易被忽視，很多企業都忽視了這一點。

很多企業會覺得路越走越艱難。因為很多企業的品類定位、市場定位、行銷定位都太分散，沒有聚焦。這樣就會導致企業出現以下三大問題（圖 4-1）：

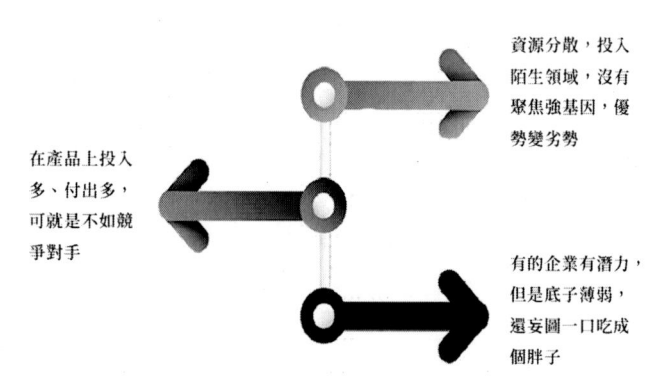

資源分散，投入陌生領域，沒有聚焦強基因，優勢變劣勢

在產品上投入多、付出多，可就是不如競爭對手

有的企業有潛力，但是底子薄弱，還妄圖一口吃成個胖子

圖 4-1　企業不聚焦品類導致的三大問題

所以，一個企業銷量大不大、盈利多不多和品類數量並沒有什麼關係。並不是說企業的品類越多，利潤就越高，老闆坐等收錢就行了。恰恰相反，那些規模實力增強的企業，在發展到一定階段時，會自斷其尾，砍掉一些雞肋品類，聚

集強基因，把優勢資源全部集中在優勢單品上，重點培養明星產品。這一點，當初統一集團起死回生的經歷就是最好的證明，我們不妨來學習一下統一集團的寶貴經驗。

統一集團的聚焦品類策略

統一集團選擇的自救策略是──品類做減法，聚焦強基因產品。當時中國的統一的SKU（產品庫存量單位）有338個，其毅然決然地砍掉了大部分，把主力集中在「老壇酸菜牛肉麵」上。

這件事情說起來容易，做起來難。很多企業都會遇到這樣的問題，總覺得即將砍掉的產品都非常優秀，可惜了。手心手背都是肉，哪一頭都不想放。統一也是如此，雖然非常看好「老壇酸菜牛肉麵」，但是真的要聚焦，砍掉其他品類時，問題就來了。壓力集中展現在以下四個方面（圖4-2）：

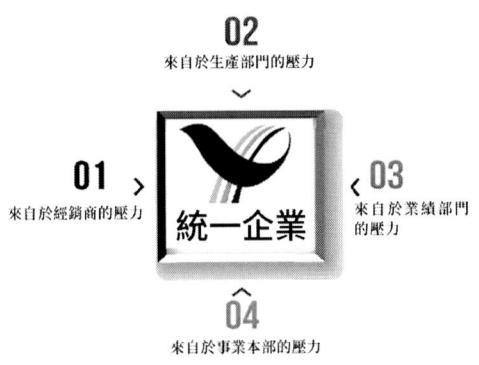

圖4-2 統一集團減少品類時所面臨的壓力

第一，來自於經銷商的壓力。原來有很多品類，經銷商很容易合發一車貨，產品種類減少後，貨車裝不滿，但是運費還是要照樣出，誰願意？因此，經銷商會放棄統一的代理權，轉投向競爭對手的懷抱，這必然會導致通路荒蕪。

第二，來自於生產部門的壓力。品類減少後，就沒有必要開那麼多條生產線，對勞動力的需求量就沒有那麼大了，勢必會有大部分工人面臨失業的危機。一方面，工人們怨氣沸騰；另一方面，這麼多工人的遣散費也是一筆開銷。

第三，來自於業績部門的壓力。這是最現實，也是最嚴重的問題。由於砍掉了大部分品類，業務員們賣什麼呢？相當於把業務員們的業績也砍掉了，獎金少了，收入降低，誰還願意做下去？紛紛辭職找下家。

第四，來自於事業本部的壓力。對於事業本部來說，每一個產品都像是自己的孩子一樣，誰會對自己的孩子宣判死刑？事業本部也不願意這些產品被砍掉。

雖然前方阻礙重重，但是當時的狀況逼著統一集團不得不砍掉其他品類。雖然當時統一泡麵有 338 個品類，但是其中賣得最好的年銷售額也才 7 億，全部銷量加起來還不如別人一個單品的銷售量多。在全中國市場上，統一集團的全國總銷量還不如康師傅兩個省的多。

統一要想起死回生，只有壯士斷腕這一條路了。撤銷其

他品類，聚焦在一種品類上，把戰線收短，才能讓企業恢復往日的活力。假如不砍掉多餘的品類，統一遲早會被拖死。

針對這種情況，統一管理層頂著多方的壓力，下定決心要對品類做減法，為此採取了以下三步走的策略（見圖 4-3）。

```
聚焦品類的
三個策略
  ○── 只保留銷量前10名的品類
  ○── 聚焦明星產品
  ○── 根據區域優勢，確立G10策略
```

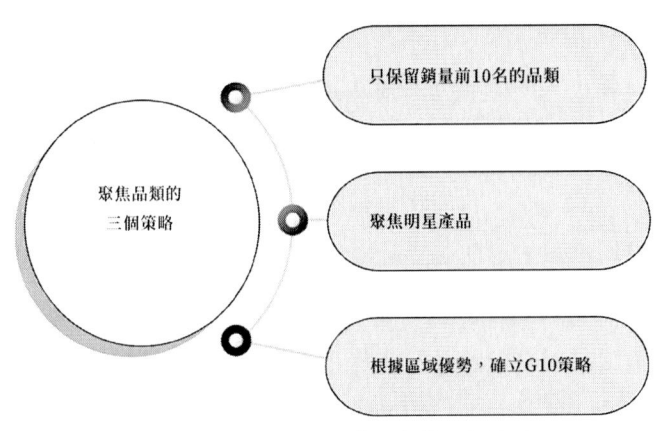

圖 4-3　統一採取的聚焦品類的三個策略

第一步：以省為單位，只保留銷量前 10 名的品類。

第二步：聚焦明星產品，主推老壇酸菜牛肉麵。

第三步：根據區域優勢確定策略。

統一集團透過這三步走，終於把自己從懸崖邊上拉了回來。2010 年，統一泡麵的銷售額達到 178 億元；2011 年更是突破了 250 億大關；2016 年年底，統一泡麵的銷售額已經達到 480 億元。明星產品「老壇酸菜牛肉麵」銷售額超過 400 億元，成為中國銷售量排行第二的泡麵產品。

聚焦品類的真正含義

企業就是一個生態圈，從採購到經銷商是一個完整的循環鏈。企業經營的品類越多，管理的成本就越高，控制的難度就越大，產品品質就很難得到保證，產品行銷就失去了重點。這就像在戰場上打仗一樣，軍隊資源有限，戰線越長，消耗就越快，勝利的希望就越渺茫。

眾所周知，高速公路有最低限速，要是所有的車速都慢下來，高速公路還能叫高速公路嗎？企業經營也是一樣，如果企業的盈利被那些雞肋品類拖了後腿，那就必然會減慢企業的發展速度，所以就必須把那些品類淘汰掉，聚焦明星產品，才能讓明星產品的高速公路更通暢，企業發展才能更迅速。

因此，企業必須走「聚焦品類」之路。所謂「聚焦」，有以下三個方面的含義（圖4-4）：

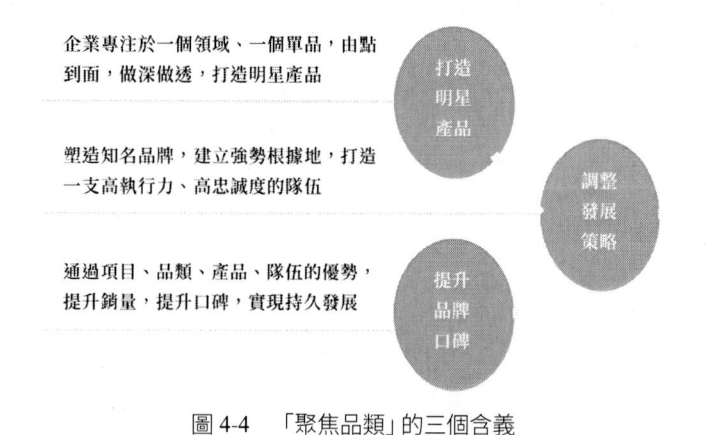

企業專注於一個領域、一個單品，由點到面，做深做透，打造明星產品 — 打造明星產品

塑造知名品牌，建立強勢根據地，打造一支高執行力、高忠誠度的隊伍 — 調整發展策略

通過項目、品類、產品、隊伍的優勢，提升銷量，提升口碑，實現持久發展 — 提升品牌口碑

圖4-4 「聚焦品類」的三個含義

假如你還是一頭霧水,別急,接著往下看。其實,總結起來,做好以下兩個動作就行了。

第一個動作:做減法

簡單來說,做減法就是捨棄那些「雞肋」品類,退出那些不適合自己的市場,減少不必要的成本投入,把分散的資源集中在核心產品上,以免造成資源浪費。

有的企業老闆覺得,我的產品非常好,在市場上人氣很高,我要讓我的產品壟斷整個行業。作為企業老闆,有這種雄心壯志是好的,但是一個企業要想穩定發展,還是要從實際出發,從市場出發,從資源出發。

市場是什麼?就是有人的地方,有人在就會產生消費。假如一個企業的勞動力有限,資源也有限,那不妨先穩步走,才有致勝的機會。

第二個動作:集中資源突破瓶頸

集中資源突破瓶頸,就是讓企業把力量集中在一個專案或者一個單品上,或者專攻一個市場。就像太陽雖然有億萬光能,但是很少有人被太陽晒死。而雷射的光能還不如一個電燈泡,但是看幾秒就能讓人雙目失明。

縱觀那些規模實力強大的企業,無不在發展過程中對品類做減法,聚焦於一個領域、品類、品牌,甚至聚焦於一個單品(也就是策略大單品)。

Part2　換道—用品類策略贏企業未來

綜上所述，企業要想增加規模實力，就必須對品類做減法，聚焦於某一個領域、某一個產品、某一個品牌、某一個市場。

一個企業是否能夠走上可持續發展的道路，與企業有多少錢、多少產品、多大市場沒有直接關係，重點在於這個企業能不能聚焦在自己的強基因上。這就像種西瓜一樣，西瓜開花的時候，一根藤上能開很多花，有經驗的瓜農會掐掉其他的花，只留下一朵。這樣，所有的營養都集中在這一朵花上，最後結出的西瓜才會又大又甜。

這就是聚焦品類的力量，你學會了嗎？

2. 聚焦產品，重點關注高毛利

企業在聚焦品類時，一定要注意對產品毛利的管理。不管主營業務在哪方面、明星產品是什麼，對於基本毛利點一定要做到心中有數。高毛利產品，賣得越多賺得越多。換句話說，企業在做品類聚焦時，一定要把注意力放在那些毛利高的產品上。

就拿飲料這個品類來說，在飲料行業中，對於大多數企業來講，日常成本，包括廠房、人工、裝置、原材料、運輸、納稅等加起來，就已經超過定價的20%了，再加上後期的宣傳推廣投入，總成本很高。也就是說，如果產品一經上

市，毛利達不到30%，基本就是虧本產品了。這個數字還是把滯銷、不可控成本排除在外得到的結果。因此，在飲料這個品類中，企業在選擇聚焦產品時，毛利至少要在35%以上才能實現盈利。

聚焦品類的失誤

很多產品在市場上的銷售成績興旺，甚至供不應求，但是到年底一經結算，竟然虧本了。這是為何呢？其原因就在於企業在聚焦品類時陷入了失誤。一般來說，企業在做品類聚焦的時候經常會陷入以下三個失誤：

失誤一：忽視毛利和現金流

經營企業就像滾雪球，賺錢之後，雪球才會越來越大，企業才能增強規模實力。假如一直把注意力放在那些不賺錢的商品上，雪球就會越來越小，企業不賺錢談何現金流？在特殊情況下，企業為了保證現金流和開機率，可以接受虧本策略，但是若要長期虧本賺吆喝，只是在加速企業的滅亡。

失誤二：對成熟期的產品投入大量的資源

什麼是成熟期的產品？就是那些市場占有率很高，但是已經沒有利潤可挖掘的產品。當某種產品的市場占有率達到一定程度，投入越高反而回報越低。

這類產品具有高投入低回報的特點，和企業賺錢的目標

背道而馳。人工投入、納稅額度、固定資產投入等都是一定的，於是企業能否賺錢，關鍵就在毛利上。

假如你對產品的毛利一點把握都沒有，就不要輕易嘗試投資；在做品類聚焦時，選擇的產品應該有一個基本毛利線，也就是說基本毛利過線才能投入推廣。

失誤三：行銷以滿足需求為導向，不是以引導需求為導向

很多企業在推銷產品的時候實在是太「溫和」了，以銷售人員的喜好來確定，而銷售人員根據消費者的需求來決定自己要推銷什麼。然而，消費者的需求往往是價格再低一點、品質再好一點、東西再好看一點、活動力度再大一點，這些都是無底洞。

最後，企業做的都是賠錢的買賣。

企業是無法滿足消費者貪婪的欲望的，他們希望買到物美價廉的產品，但是符合企業需求的產品是「物有所值」，並不是「物超所值」，所謂物超所值的產品，恐怕只是個美好的夢。

企業在行銷時，應該先想明白一個問題，是想一時賺錢，還是想永遠賺錢？我想答案不言而喻。Nokia 在過去順應了消費者現實的需求，生產出了品質好、價格實惠的手機，贏得了過去，卻輸掉了未來；而蘋果一直在做消費者引導，把消費者的需求往智慧型手機之路上帶，贏得了現在，

又贏得了未來。企業要走的就是蘋果選擇的這條路，引導消費者購買物有所值的產品。

綜上所述，企業在做品類聚焦時，一定要重點關注高毛利的產品。

毛利高低和產品作用的關係

高毛利的產品可以說是一個巨大的寶藏，有很大的挖掘價值。就拿食品和飲料這兩個品類來說，透過調查，我得出下面這些結論：

毛利在20%～30%之間的商品，基本上就是我們常說的「薄利多銷」的產品，這類產品的主要作用就是分攤成本、帶動市場，在消費者中刷一撥品牌存在感。當然，這類產品也是品牌產品，利潤非常透明，企業基本上不指望從這類產品上賺大錢，但是銷量大了，也能為企業創造可觀的營收，比方說康師傅礦物質水。

毛利在30%～35%之間的商品，一般都是企業目前主推的產品。這類產品的特點就是既賺錢又能走量，魚和熊掌都能兼得。企業完全可以透過這類產品放長線，賺大錢。比方說康師傅紅燒牛肉麵、養元六個核桃、紅牛等。

毛利在35%以上的商品，即可視為企業利潤來源的產品了，也是企業未來的「掌中寶」。比方說統一的滿漢大餐、悅

氏的礦泉水等，都屬於這類產品。

綜上所述，毛利高低和產品作用的關係可以總結為表 4-2。

表 4-2 毛利和產品作用的關係

產品毛利率	產品作用	備註
＜ 30%	跑量，分攤成本、拉動產能、帶路產品	品牌產品
30%～35%	核心產品，銷量和利潤兼顧	長線產品
＞ 35%	利潤產品	未來的核心產品

關注高毛利的方法 —— 利潤優選法

掌握了以上規律，我們可以根據「利潤優選法」，從產品中挑選出「績優股」。根據 SWOT 波士頓矩陣分析法，企業可以把產品分為這四類 —— 問號產品、明星產品、現金牛產品、瘦狗產品，在圖 4-5 的矩陣圖中，分別用「？」、「★」、「￥」、「X」來表示。

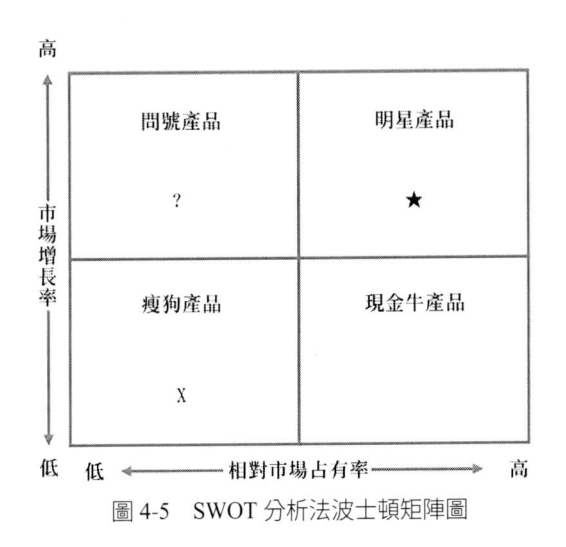

第四章 聚焦：聚焦品類，企業才會實現彎道超車

```
     高
     ↑
     │  ┌─────────────┬─────────────┐
     │  │             │             │
     │  │  問號產品    │  明星產品    │
市   │  │             │             │
場   │  │     ?       │     ★       │
增   │  │             │             │
長   │  ├─────────────┼─────────────┤
率   │  │             │             │
     │  │  瘦狗產品    │  現金牛產品  │
     │  │             │             │
     │  │     X       │             │
     │  │             │             │
     │  └─────────────┴─────────────┘
     ↓
     低   低 ←─── 相對市場占有率 ───→ 高
```

圖 4-5　SWOT 分析法波士頓矩陣圖

也許看完這個矩陣圖，你還是對那些名詞模稜兩可，接下來我就來做一個詳細的解釋。

明星產品：是指那些增長率和市場占有率都很高的產品，這類產品很可能會進化為企業的現金牛產品。企業可以加大對它的投資，推動這類產品的發展。

現金牛產品：這類產品就是傳說中的高毛利產品，這類產品的特點是目前銷量增長很緩慢，但是市場占有率很高，已經處於產品的成熟期。

問號產品：也就是我們常說的問題產品，這類產品增長率不錯，但是市場占有率不高，這說明這類產品的前景非常廣闊，只是企業的行銷方式出了問題，需要調整。

瘦狗產品：顧名思義，就是那些在走下坡路，即將被淘汰的產品。這類產品不僅增長率低，市場占有率也低，基本沒什麼希望了。

透過矩陣圖，我們可以從產品中選出一隻「績優股」，從問題產品中選出一個值得挖掘的產品，調整推廣方法，加大投入，讓問題產品實現逆襲。

說了這麼多，其實最重要的還是要找毛利潤高的產品。既然如此，你不妨先算出你所處行業的平均毛利潤，找到基準線，再算出自己企業目前所有產品的毛利潤，將那些超過基準線，並且名列前茅的產品當作重點培養對象。

除此之外，在確定產品利潤率的時候，我提醒做決策的老闆們一點：一定不要想當然，還是要理性地參考資料。

有這樣一位老闆，他對朋友說：「我從來不做飲料食品類的代理，因為毛利太低了，根本賺不到錢，我只代理白酒。」但是他代理白酒，雖然毛利高，卻沒有賺到錢，這又是為什麼？雖然白酒這個品類毛利高，給人一種很賺錢的感覺。但是白酒類想賺錢必須要滿足三個條件：一是要銷量大，二是要毛利高，三是要資金周轉快。這三個條件缺一不可。

我們就白酒類和飲料類哪個資金周轉快來做個分析對比。先告訴大家答案，一定是飲料。

假如我們都用 250 萬來做比較，做白酒的話，資金周轉

一次需要一個月;但是做飲料,一個月內資金可以周轉4次,甚至更多。簡單來說,投同樣的錢,在同樣的時間內,白酒只能賺一次錢,但是飲料至少可以賺四次。雖然就單品利潤來說,飲料確實跟白酒沒有可比性,但是白酒輸就輸在資金周轉慢上。因此,即使白酒的毛利率超過50%,但是銷量達不到,產品庫存太多,一切就都是空談。因此,從投資報酬這個角度來說,代理飲料食品賺得更多。

還是那句話,聚焦品類,重點還是要關注毛利。

3. 欲做強勢,必做趨勢

如果把經營產品比喻成駕駛一艘船,想要這艘船行駛得更遠、更穩,就一定要藉助洋流和風向的力量,順勢而為。也就是說,產品想要發展得好,一定要符合消費者需求和市場的變化趨勢。如果你偏要和趨勢唱反調,定然前途渺茫。

我曾經去聽一位教授上課,在課堂上,教授問了這樣一個問題:「豬會不會飛?」同學們面面相覷,不知道如何回答。

教授接著問:「如果是刮颱風了呢?」颱風來了,別說豬了,連房子都能飛起來,這就是借勢。

小米總裁雷軍曾說:「站在颱風口上,豬也會飛起來。」2011年9月,一個名不見經傳的手機品牌正式上線發售。在短短一年的時間內,小米手機的銷量就突破了150萬臺,迅

速躋身市場主流。2013 年，小米的年銷售額竟然突破 1,500 億大關。除了物美價廉、性價比高以外，小米之所以能站在今天這個高度，主要因為站在了風口 —— 智慧型手機成為網際網路應用的主流。

好風憑藉力，扶搖直上九萬里。企業在聚焦品類時，也要看清時勢，懂得借勢造勢。具體要怎麼做呢？我從以下三個方面分析（圖 4-6）：

認清品類的發展趨勢　判斷未來的主流品類　了解國家宏觀調控政策

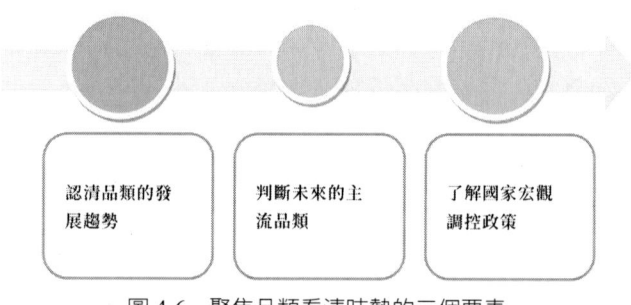

圖 4-6　聚焦品類看清時勢的三個要素

認清品類的發展趨勢

花無百日紅，沒有哪一品類能一直在市場的舞臺上不退場，有舊人退場，就一定有新人上臺。這就是機會，新品類崛起的時候，就是企業發展的時候。

消費者的需求和消費能力決定著品類的更替。現今消費者的生活水準提高了，對產品和消費的要求自然也高了。比如，消費者越來越傾向於綠色健康、環保安全的消費品。也

第四章 聚焦：聚焦品類，企業才會實現彎道超車

就是說，符合這個特點的品類發展前景比較好，銷量自然不用擔心，企業可以大膽地進入。

就拿快消品市場來說，銷量比較好的品類有植物蛋白飲料、涼茶、機能飲料、啤酒等。懂得借勢的企業就可以進入這些行業，如果你的產品足夠有特點，又符合這個趨勢，那你就坐等著收錢吧。

成功企業的發展都有一個共同的特點：大企業根據市場和消費趨勢的變化開發新品類，獲得了成功。中小企業看到成功先例，開始模仿大企業的做法，也獲得了成功。當新品類嶄露頭角時，企業一定要用最快的速度進入，當老品類被淘汰時，也要迅速退出。

對於那些已經不能滿足消費者需求的品類，應該慢慢撤出市場。比如底片、蠟燭、洗衣粉、搓衣板、MP3、VCD等等，這些品類不是市場漸漸疲軟，就是被新的產品代替。假如你依然故步自封，不願做出調整，那麼在不久的將來，你將面臨被市場淘汰的命運。

我曾經看過一個關於馬車的故事，其背後的道理值得所有經營者深思。

100多年前，英國的一座城市有兩家製造馬車的公司，一家馬車公司的老闆說：「我要為人們製造最好的馬車。」而另外一家馬車公司的老闆卻說：「我要為人們製造最好的交通工具。」

當時，兩個馬車公司製造的馬車無論從外觀上還是品質上都沒得挑。但是幾年後，立志要為人們製造最好的馬車的公司卻倒閉了，而那一家要為人們製造最好的交通工具的公司卻蒸蒸日上，這家公司就是勞斯萊斯。

時代在發展，科技在進步，現在還有哪個城市是滿街跑馬車的？當市場需求發生變化時，前者沒有緊跟趨勢研發新品類，固執地在老路上走，以致最後離市場越來越遠，即使產品的品質再好，也不能改變最終被淘汰的命運。

判斷未來的主流品類

怎麼判斷未來的主流品類呢？很簡單，現在我們身邊的高階產品，就是未來的主流產品。產品長期堅守低價等於把自己往絕路上送。當身邊所有的產品都在漲價時，你不漲價，等於是在慢性自殺。

不要覺得定價低，不漲價，消費者就會喜歡你，選擇你。消費者對於一件產品等級的判斷，最直接的依據就是價格，其次才是品質。請把提供消費者物美價廉的產品這種「善心」打消，這個世界上根本不存在物美價廉的產品。

當你還拿不定主意聚焦哪一個品類時，就向高階看齊。

了解國家宏觀調控政策

國內的市場經濟是在政策調控下的市場經濟。國家提倡什麼、引導什麼，企業就做什麼。國家提倡的、引導的就是趨勢，就是東風，就是機會。

曾經有這樣一個段子：1980年代，擺個地攤都能發大財，當時很多人不敢，後來敢擺的都發財了；1990年代，炒股就能成百萬富翁，很多人覺得是騙人，後來炒股的人都成有錢人了；邁入21世紀，有人說上上網就能發財，很多人覺得是笑話，現在中國首富馬雲，就是當初「上上網」的人。

也有人說：「如果當初我也做，今天不知道比他們強多少！」沒錯，你有能力、有學歷、有本錢、有經驗、有膽識，可是你當時不信、不敢，沒有做啊！

這不僅僅是執行力的問題，更重要的是，你沒有一雙看清趨勢的眼睛，這是眼光問題。所以說，眼光決定成敗是有道理的。那些沒有學歷也沒有經驗的人，最後之所以能夠成功，就是因為他們有頭腦，懂得分析趨勢，懂得借勢造勢。

企業在聚焦品類時，一定要根據國家的政策方向來。只要是明令禁止的、控制的，就算再賺錢的專案也不能碰。

換句話說，只要是國家大力引導的，那就是機會，一定要把握住。比如現在霧霾問題越來越嚴重，也就說明環保行業將是一片藍海。在這樣的趨勢下，假如你研發節能、低

碳、環保、綠色的品類,不僅不會有風險,還將獲得國家大力支持,何樂而不為?

為什麼有的人成功,有的人卻原地踏步,甚至跌落谷底?關鍵在於對趨勢的判斷。

機會是什麼?國家給了你這個靈感,叫做「機」,而你把握住了,開始做了,這叫「會」。當所有人都開始做這件事的時候,你就等於和機會擦肩而過了。

沒有人能脫離市場規律而發展,就算你有資源、有資本、有管道,但是你不遵循市場的發展規律,不順應趨勢,依舊不會成功。

沒有哪一種品類能長盛不衰,也沒有哪種產品能永遠獨占鰲頭,今天表現平平的產品,說不定明天就大火了,只要把握好趨勢,順勢而為,企業就不怕沒有未來。

現在,你是不是也應該分析分析你的品類趨勢了呢?順勢則聚焦,逆勢則調控。

4. 品類空間決定企業銷量

對於企業來說,品類發展空間越大,市場容量就越大,而市場容量和企業銷量又有著密不可分的關係。因此,企業在聚焦品類時,一定要選擇那些品類空間大的產品,一定要關注到品類的天花板。

俗話說,「人有多大膽,地有多高產」,但是市場是有客觀規律的,如果品類容量本來就很小,企業還硬著頭皮做,只會讓自己陷入進退兩難的尷尬境地。

有的產品品類空間非常大,市場容量可達上千億甚至更多,企業想在這個品類中發展就很容易。但是有的產品品類市場容量本來就有限,全國的銷量加起來也才十幾億,就算你的產品再有特點,再受歡迎,市場只有那麼大,一年想做到幾百億根本就是天方夜譚。

但是,這並不是說品類空間小就不值得一做,假如毛利很高的話,也是可以細細研究一番的。但是,千萬不要指望能賺大錢,主要原因還是因為品類空間太小了。但是大品類就不一樣了,品類空間越大,企業發揮的餘地就越大,發展起來自然很容易。所謂海闊憑魚躍,天高任鳥飛。

那麼,企業在聚焦品類時,應該如何判斷品類空間的大小呢?我這裡有兩個技巧,值得大家一試。

看看你選擇的產品是不是屬於新品類

什麼是新品類?簡單來說就是市面以前沒見過的產品。比方說植物蛋白飲料、蘋果醋、蒸汽眼罩、懶人火鍋、蒸臉儀,等等。這些都是近幾年透過新舊元素組合,創新、引進的新品類。

如果你聚焦新品類，有以下三種方法判斷新品類的市場空間，（圖4-7）：

圖4-7　判斷新品類空間的三個標準

(1)市場是不是真的需要這個品類

對於從未接觸過的新品類，我們要縝密地分析和判斷它的真實市場需求。判斷標準為是否符合消費者的消費習慣和市場變化趨勢，如果符合就有需求；如果不符合，就要慎重對待了。

比如，機能飲料這個新品類。隨著工作和生活壓力越來越大，人們的疲勞感也越來越嚴重，並且人們的消費水平足夠達到這個品類，加上企業的有效引導，市場需求還是很可觀的。

(2)目標市場、目標人群的規模有多大

對於新品類，我們還要根據消費者的行為習慣和消費習慣，分析新品類的潛力到底有多大。

比如機能飲料。根據市場調查，我們知道，目前易疲勞已經成為消費者最大的健康困擾，加上加班、開車、壓力大的人群越來越多，說明這個品類的市場潛力很大。

再比如蘋果醋。蘋果醋能夠美容養顏、保健瘦身，這是眾所周知的功能，但是在人們的潛意識裡「醋」就是佐料，真正透過蘋果醋美容養生的人又有多少呢？實際上，目標人群是狹窄的。

(3)引導期長短及引導能力預測和分析

這個新品類需要多久才能讓消費接受？企業和行業有沒有這個實力？這些都需要研究分析。

要預測哪些內容呢？一是要預測引導期，二是要預測行業的引導能力。

就拿冰糖雪梨來說，是消費者很容易接受的品類，加上大企業的推廣，在短時間內就成了爆款。

再比如那些機能飲料，雖然引導期很長，消費者的消費意識沒有那麼快，但是這些企業有實力做長線，幾年之後，機能飲料也做成了爆款。但是蘋果醋，到現在也沒人能知道這個品類的引導期何時才是個頭，在這品類中掙扎的企業能否迎來春天。

如果是老品類，看看它的市場空間到底有多大

品類空間大，說明市場前景一片光明。聚焦這樣的品類，企業才能在未來實現投資和回報成正比。如果品類空間小，說明這個市場本身就沒什麼潛力，企業在這個品類中發展，前途堪憂，生死未卜。

(1) 品類空間大

特點是，目標消費者人群夠廣泛或者有一定的消費環境，消費週期短，回購率和購買頻率高，價格比較親民，比如餅乾、礦泉水、奶茶、柳橙汁等等。

(2) 品類空間小

特點是，目標消費者人數較少，消費週期很長，購買頻率低，價格比較高，比如蘋果醋、蒸餾水、玫瑰花飲等等。

作為企業家，一定要在這個複雜的市場環境裡保持清醒的頭腦，不要妄自菲薄，也不要欲求不滿。要根據自己的實際情況，在聚焦品類時，選擇品類空間大、市場趨勢好的產品，借力打力。

在做投資的這幾年裡，我經常看到很多企業在做決策時，單憑自己的喜好、感覺或者個人經驗做判斷，我把這類型的企業家統稱為「拍腦袋型」。一個人的感覺和他的個人經歷有很大的關係，假如個人經歷不夠，達不到一定的認知高

度,那麼感覺一定不準確。經驗是非常寶貴的,但是面對風雲變幻的市場,單憑經驗也不會有好下場,過去的成功經驗並不適合現在的競爭市場,這也是為什麼有的人說,曾經的成功反而會阻礙未來的成功。

5. 瞄準週期,把握趨勢

產品的生命週期是什麼?簡單來說就是產品能在市場上生存多久。產品從進入市場開始,一直到被市場淘汰或者自己退出市場,這段時間就是產品的生命週期。

產品的利潤不是一成不變的,從研發到上市,期間任何條件的變化都會影響產品的銷量和利潤。就像一個人的生命,從誕生到成長發育,再到年邁,最終離開這個世界。整體而言,產品的生命週期會經歷這四個時期:匯入期、成長期、成熟期、衰退期。

證明一個新產品是否成功,至少得經過 6 個月考驗期。第 1 個月試推廣;第 2 個月開始大面積上架;第 3 個月補貨;接下來兩個月要讓市場慢慢消化;第 6 個月看成效,然後繼續鋪貨。如果在半年的時間內,產品能夠推廣成功,那目的就達到了。如果失敗了,再次推廣就非常困難了,基本沒有投入的必要。

我們可以透過產品所處的階段來判定此品類適不適合聚

焦,或者哪種品類更適合聚焦。一般來說,發展速度飛快的就是成長期產品,銷量非常穩定的就是成熟期產品,而那些逐漸被消費者遺忘的,就是衰退期產品。

那些處於成長期或者匯入期的產品,通常就是企業重點聚焦的對象。這是為什麼呢?

進入衰退期的產品,銷量已經在下滑了,並且將來的局面很難控制,投入得越多,虧損得就越多;處於成熟期的產品,已經進入一個平臺期了,不管投入多少心血,也不會有多大變化。

產品生命週期的四個階段及表現特徵如表 4-3 所示。

表 4-3 產品生命週期的四個階段及表現特徵

產品生命週期階段	表現特徵
導入期	新產品進入市場的那一天起,就進入了導入期。在這個階段,消費者對產品一無所知,只有那些喜歡嘗試新事物的消費者會購買,銷量並不理想
成長期	在這個階段,消費者已經對產品有了一定的了解,購買的人也逐漸增加,市場範圍慢慢擴大

產品生命週期階段	表現特徵
成熟期	在這個階段,市場已經飽和,該挖掘的潛力已經被挖掘完,銷售額變化曲線逐漸趨平,同時在這個階段,產品面臨的競爭會更激烈,企業不得不採取降價的方式進行促銷,利潤也相對減少
衰退期	今天技術發展日新月異,產品更新換代越來越快,消費者的習慣也在跟著發生變化。當老產品不能滿足消費者的需求,銷售量一定會下降,此時,產品就進入了衰退期

要想準確判斷產品的生產週期,請先思考下面三個問題:

你的產品屬於哪個品類?

你的產品正處於哪個階段?

你的產品趨勢和品類趨勢分別怎麼樣?

針對這三個問題,我們可以先透過產品 KPI 指標來評判(表 4-4)。

表 4-4　產品 KPI 指標評判表

KPI 指標	評價	備註
產品的導入時間		
產品是否精進		

KPI 指標	評價	備註
現實毛利		
銷量趨勢		

透過表 4-4，我們可以很明確地知道產品的具體發展情況，再根據產品生命週期各個階段的特點來判斷產品處於哪個階段。

除了 KPI 判斷法，我們還要搞清楚一個問題，產品趨勢和品類趨勢是一個意思嗎？答案是否定的。

產品趨勢和品類趨勢的關係有以下三種情況：

(1) 產品向上，品類向下

最近，沖泡奶茶的銷量由於受到市場的強烈衝擊，出現銷量下降的情況。但是某品牌的銷量不降反升。

(2) 產品向下，品類向上

一個產品的銷量不怎麼樣，但是品類的發展前景很廣闊。比方說飲料這個品類，大環境一片興旺，但是碳酸飲料這類產品卻一年不如一年。2000 年，碳酸飲料的年銷售額占整個飲料品類的三分之一，到了 2012 年，這個比例下滑到了五分之一。

(3) 產品和品類的發展趨勢一樣

產品和品類的發展趨勢是一樣的，不是上升，就是下降。

透過分析，我們對產品的週期階段會有更加精準的認識。舉例而言，單看泡麵這個品類，整個泡麵行業的銷量連續幾年都在下降，但是康師傅的銷量在 2017 年反而上漲了 6.8%。可以說，在整個泡麵品類中，康師傅稱得上是領軍品牌了。因此，企業要想在這個行業中占據有利的競爭地位，最好是先評估自己有沒有趕超或者和康師傅相媲美的能力，如果沒有，就不要貿然進軍泡麵品類。

6. 品類實踐，如何把握聚焦的「分寸」

企業為什麼要做品類聚焦？因為品類聚焦能夠幫助企業在市場中迅速提升自己的競爭力，從長遠來看，有利於培養某個主打品牌，擴大市場占有率。聚焦，簡簡單單兩個字，做起來卻十分複雜，一定要把握好「分寸」。聚焦什麼？怎麼聚焦？聚焦多少？是企業在實施品類聚焦策略的過程中最頭痛的問題。

那麼，企業如何在品類聚焦的過程中把握好「分寸」？有沒有一些原則可循？在什麼情況下聚焦的品類越少越好？在什麼情況下可以放寬限度？我們不妨探討一下。

企業在什麼情況下聚焦越少越好

企業在實施品類聚焦時,在什麼情況下應該聚焦越少越好呢?我們從三方面分析一下(圖4-8)。

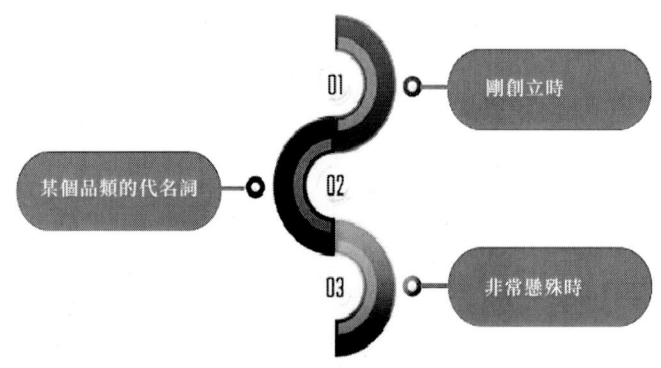

圖4-8 在什麼情況下聚焦越少越好

(1)新品類或者新品牌剛剛創立時

新品類創立初期,人氣和口碑非常重要。就算是背後有強大的金主支撐,企業在推廣新品類或者新產品時還是要從原點市場起步,一步步發現問題、解決問題,然後再大規模行銷。這裡的聚焦,是指在推廣節奏上要根據自身情況把握好「分寸」。

(2)和競爭對手實力相差非常懸殊時

當企業面臨強大的競爭對手時,既能全身而退,又能保持反擊體力的辦法就是收縮戰線。在收縮戰線的同時,尋找

機會提高自己的競爭力，使自己在某一方面足夠與對手抗衡甚至更勝一籌，這樣才能反敗為勝。

(3) 品牌已經發展成為某個品類的代名詞

有些品牌經過多年的奮鬥，已經成為該品類的代名詞，假如此時開始涉足其他品類，會大幅降低消費者的好感度，加上對延伸品類的認識不足，很難獲得成功。這種殺雞取卵的做法，無異於是自掘墳墓。

企業在什麼情況下可以放寬限度

在以下四種情況下（圖 4-9），企業在實施品類聚焦時，可以聚焦得多一些，適當放寬。

- 消費者對某些產品有成套購買的習慣
- 在核心市場及以外市場獲得領先位置時
- 本身就處於領先地位的多元化企業
- 聚焦在比對手更小的品類焦點時

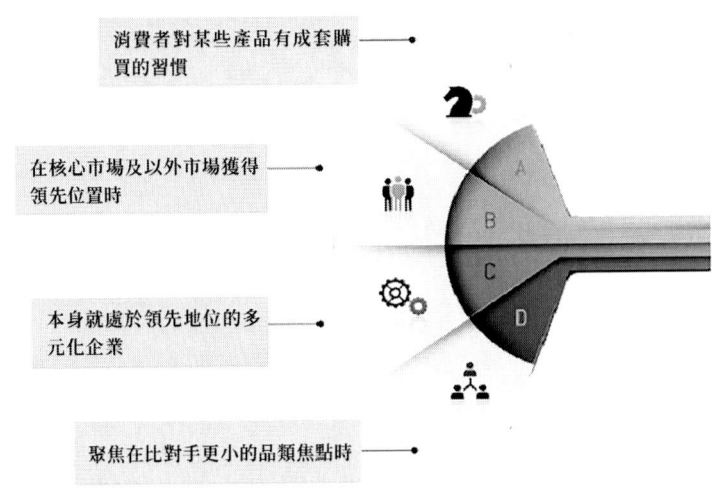

圖 4-9　在什麼情況下可以放寬限度

(1) 消費者對某些產品有成套購買的習慣

以廚房電器市場來說，抽油煙機和瓦斯爐這兩樣產品，消費者基本上會搭在一起買，而且消費者一般會先確定抽油煙機再確定瓦斯爐。有電器品牌就抓住了這個特點，在抽油煙機上聚焦了大量的資源，而且同時推進瓦斯爐的行銷。該電器品牌在品類聚焦的過程中，成功超越了其他競爭對手。

(2) 在核心市場及以外市場獲得領先位置時

領先品牌在核心市場的認可度是很高的，讓品牌的地位無可撼動，新進品牌基本上對它構不成什麼威脅。在這樣的情況下，領導品牌可以在核心市場內多發展一些產品，這樣不僅不會對自身有什麼影響，還能進一步擴大市場占有率。比如汽車行業，那些領導品牌在核心市場內銷售的車型數量更多，特別是日系車，豐田在美國市場投放了 25 種車型，而在日本本土市場竟然達到了 96 種。

(3) 本身就處於領先地位的多元化企業

這類企業很難濃縮到只做一個品類，通常會按照盈利排名聚焦，把虧損的產品淘汰掉。比方說通用汽車，起初，通用汽車的品牌規畫非常混亂，幾個品牌的價位有重合，市場地位一度被福特趕超。因此，通用開始了品類聚焦。通用的品類聚焦並不是只做一個品牌，而是針對高中低端市場推出

不同的品牌,一下把品牌數量精簡到了 3 個,分別是凱迪拉克、別克和雪佛蘭,各自針對不同的市場。

(4) 聚焦在比對手更小的品類焦點時

在這種情況下,某種品類的專家品牌可以在品類里布局更多的產品線。就拿汽車來說,除了占據價格和車型優勢外,還可以為消費者提供不同尺寸、不同風格的產品。要知道,豐富產品線和盲目擴張還是有區別的,產品和產品之間的分界必須涇渭分明,不能造成消費者認知的混亂,不然品類聚焦策略就是在雪上加霜。

從各個企業的品類策略來看,每個品類都有其特點、發展階段、競爭格局,而品類中的各個品牌也有其資源、品牌地位的區別,這些都是企業在做品類聚焦策略時必須考慮的因素,這和企業聚焦的「分寸」以及方式息息相關。所以說,企業在做品類聚焦策略時,必需根據實際情況、具體問題做分析,切莫生搬硬套。

第五章　占位：
品類創新，帶領企業邁入藍海

導讀

　　逐漸被網際網路「吞噬」的市場，讓企業的競爭越來越激烈。各大商家除了各憑本事搶占市場，品類創新也成了大家爭相採用的手段。企業家逐漸意識到品類創新的重要性，創新熱情更是如滔滔江水，奔湧而來。

　　隨著新品類如雨後春筍般湧現，有的能茁壯成長，可有的卻因為後天營養不足而夭折，這是為什麼呢？怎麼做品類創新才是正確的？

　　我認為，品類的創新是指在產品的內在特點和本質屬性上的創新。新品類必須以消費者的認知為基礎，要從消費者的需求出發。一味只顧著創新，最後連消費者需要什麼都不知道，也是白搭。

　　在這個全民創新的時代，假如你的產品足夠好，足夠有特色，足夠吸引眼球，你想把它發展成為一個新品類，首先

要考察這個產品是不是符合市場趨勢，是不是符合消費者的需求，如果符合，那就可以著手準備了。但是，這樣還不夠，你還要在品牌建立和行銷上多費心，才能讓品類的發展欣欣向榮。

1. 什麼是真正的品類創新

在這個商業高速發展的時代，企業想要擴大市場占有率，打敗競爭對手，不得不做品類創新，企業家們已經逐漸意識到了品類創新、打造品牌的重要性。

品牌的競爭是建立在品類的基礎上的，品類的產生代表著消費者有需求，而品牌給了消費者購買的理由。比如，你想買洗髮精，洗髮精就是品類，說明消費者有需求；你想要買防止脫髮的，於是你想到了某牌防脫髮洗髮精，這個品牌給了你購買的理由。一項資料表明，在一個品類中，消費者心中排名第一的品牌，其銷量是第二名的兩倍，也就是說，誰能獨占鰲頭，誰就能獲得絕對的競爭優勢。

在涼茶品類中，王老吉第一，銷量讓對手望塵莫及；在手機品類，蘋果長期占據第一名，成為智慧手機的代名詞……這些成功的例子都在向我們說明成為第一的重要性。人們會記得奧運冠軍的名字，但是亞軍的名字卻鮮有人提起。在這樣的市場環境下，企業家們都在爭做第一。

可是,新品類的誕生讓人們眼花撩亂,有的能迅速崛起,有的卻迅速被遺忘,這又是什麼原因?因為很多企業家還未清楚地認識到什麼是真正的「品類創新」。

針對這個問題,我「簡單粗暴」地跟大家探討一下什麼才是真正的品類創新。

正確的品類創新案例

王老吉涼茶飲料:「涼茶」是飲料的新品類。王老吉的前身只不過是很常見的清熱去火的中藥,但是被冠以「涼茶飲料」的新品類推出市場,產品定位為「怕上火喝王老吉」,廣告朗朗上口,讓消費者留下了很深的印象。另外,由於涼茶的特殊性,使其與其他飲品形成了一道天然的分割線,歷史悠久的涼茶搖身一變成為主流時尚飲品,成為暢銷飲料之一。

錯誤的品類創新認知例子

小米手機:大名鼎鼎的小米也犯過這樣的錯嗎?我說的不是錯,而是大家對小米的誤解。小米至今都被當作是創業的神話,有的人覺得是小米開創了「網際網路手機」這個品類,其實不是。小米只是個賣手機的,透過直銷的方式把產品賣出去。而「網際網路手機」就是我們口中的智慧型手機,這就更談不上品類創新了。小米的成功是因為在對的時間,選擇了對的市場,做了對的事情,而不是創新品類的成功。

新品類的特點

透過上面正確的品類創新案例和錯誤的品類創新案例，我們可以總結新品類的特點，只有符合以下三大特點才是真正的品類創新（圖 5-1）。

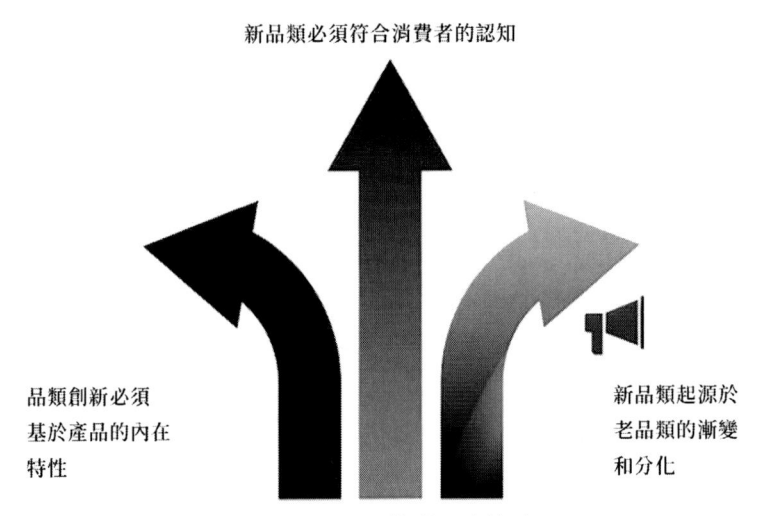

圖 5-1　品類創新的三大特點

- 新品類必須符合消費者的認知
- 品類創新必須基於產品的內在特性
- 新品類起源於老品類的漸變和分化

(1)新品類必須符合消費者的認知

蒸汽眼罩是個非常成功的品類創新的例子，現在人們對自己身體的健康越來越關注，尤其是視力。但是由於長期面對電腦螢幕和手機螢幕，工作任務繁重，長期熬夜，導致眼壓增大、黑眼圈加重，消費者急需一種產品來改善這個狀態。而保護視力、促進眼部血液循環、改善黑眼圈的訴求，

滿足市場空白，於是蒸汽眼罩應運而生。

所以，企業在做品類創新時，新品類一定要符合消費者的認知，不能與人們對事物的認知相衝突。

(2) 品類創新須基於產品的內在特性

什麼是內在特性？就是指產品的本質屬性。比如，某牌的電視，它的本質已經不是電視機那麼簡單了，傳統電視機只有播放作用，而該電視卻是一個網際網路播放器，兩者在本質上有天壤之別，所以可以說該品牌的「網際網路電視」是一個品類創新。但是小米手機呢，說它是網際網路手機，本質上還是智慧型手機，只是換了個銷售管道而已，所以說小米並不是品類創新。

(3) 新品類起源於老品類的漸變和分化

品類的發展有一個基本定律，即「漸變」和「分化」。比如，王老吉從傳統藥用涼茶漸變為機能飲料，分化成藥用涼茶和去火飲料兩種特性完全不同的品類。對於新品類來說，它既可以是老品類的進化，也可以與老品類形成競爭關係，比如普通牛奶和有機牛奶。

在全民創新的今天，「創新」幾乎成了市場的主旋律，對企業來說似乎只有兩條路，要麼創新，要麼死亡。假如你開創了不錯的產品，而這個創新產品說不定在未來能夠顛覆市場，那你不妨對照上面的特點，看一看你的產品是否符合品

類創新。如果符合，那就趕緊行動起來吧。當然，光有行動也是不夠的，在行銷推廣上也得多上心，用心澆灌，新品類的種子才能長成參天大樹。

2. 為什麼要實施品類創新策略

說到品類創新，很多企業家覺得改進一下產品，更新一下策略規畫就行了。實際上，這種想法太單純了。假如企業能夠讓品類創新策略的能量最大限度地發揮出來，那麼在行業內的地位與之前就不可同日而語了。品類創新是一種策略，是企業實現差異化經營、開闢藍海市場的實效策略。

品類創新是建立在產品的基礎上的，新品類一定包含新產品，但是新產品不一定是新品類。新品類在產品功能、產品特點上與老品類有明顯的差別，它開拓了一個新市場、一片充滿潛力的藍海，如紅牛、王老吉等等。這些新品類不斷地掀起市場熱浪，造就了一個又一個奇蹟。因此，對於企業來說，成功有捷徑嗎？

有！就是品類創新。

品類創新的策略價值

企業之所以對品類創新有誤解，最重要的還是沒有對新品類的價值有深刻的認知。我們先來看看新品類到底有多重要。

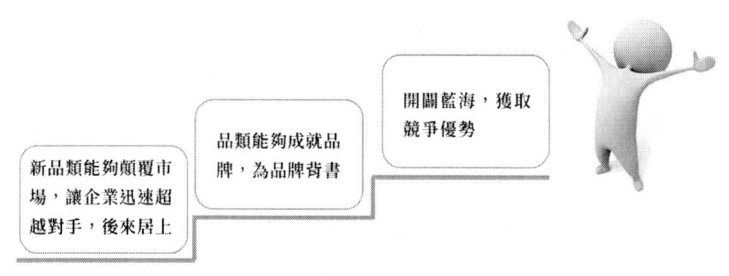

圖 5-2　品類創新的三大策略價值

(1) 新品類能夠顛覆市場，讓企業迅速超越對手，後來居上

雖說市場競爭強烈，使很多「前輩」被拍死在沙灘上，但是市場競爭的精采就在於顛覆市場、後來居上。老鼠如何挑戰大象？後來者如何居上？品類創新就是捷徑。

比如韓國三星電子，它在短短 6 年的時間內就超越索尼，成為全球第一大電子品牌。三星電子對數位產品市場的發展趨勢預測得非常準確，搶先一步開發了數位化電子產品，搶占了市場先機，在全球市場用品類證明了自己的實力。

(2) 品類能夠成就品牌，為品牌背書

很多人都把品牌看得很重要，殊不知，品類才是背後的BOSS。一個被消費者認可的創新品類，一定會孕育出一個大品牌。如果再形象地比喻一下，品牌是我們看到的冰山一角，而品類是我們看不到的冰山下面的部分。品牌的背後是品類，品牌賴以生存的是品類，如果某個品類消失了，品牌

也會跟隨著一起消失。

創新品類的第一品牌通常會讓消費者留下非常深刻的印象。因為是你開創了這個品類，消費者就會在潛意識裡覺得，你就是這個品類的主人。如果你能夠成為某個品類的代表者，基本上就不愁市場了。

據不完全統計，可口可樂的品牌價值是 670 億美元。這個數字一定讓許多企業家眼紅，它怎麼這麼值錢？當時，與可口可樂同期的飲料有沙士、薑汁汽水、柳橙汁、檸檬汁等等。假如依舊在原來的品類上發展，可口可樂是沒有未來的。後來，它開創了「可樂」這個新品類，這就是它能發展成為一個大品牌最重要的原因。

所以，品類能夠成就品牌，為品牌背書。

(3) 開闢藍海，獲取競爭優勢

假如你的品牌是這個品類中的唯一，那麼你的品牌領導地位就已經確定了，當有競爭對手出現時，透過對比會更加突顯你的領導地位。

當你的品牌穩坐新品類第一把交椅時，它就已經被認定為這個品類的開創者和領導者了，而後來出現的品牌都會被戴上借鑑、模仿的帽子，即使品質再好，消費者的接受度也不會很高。

第一品牌的領導地位，不僅為自己塑造了品類專家的形

象，在獲取市場占有率方面，也造成了不小的作用。

在同樣的品類裡，其餘的品牌為了存活下去、提升銷量，只能降價，薄利多銷了。康師傅在中國市場一直是排名第一的泡麵品牌，在臺灣市場比康師傅大得多的統一，一直沒辦法在中國超越康師傅，就是因為康師傅率先登陸了中國市場，獲得了領導地位。

品類創新是實效、成功的策略

很多人覺得，要想在市場競爭中脫穎而出，就要在產品和服務上擄獲消費者的心。實際上並不是這樣，假如你在這個品類中的市場占有率本來就很小，而且不得不「以卵擊石」地去和實力更強、資源更多的對手競爭，那顯然你最初的策略就是錯誤的。

無數企業都是拼了命地賣力苦幹，結果費力不討好，還是在競爭中輸得一塌糊塗，因為一開始就走錯路了。

然而，在現實中，幾乎每一個品類都是飽和市場，後來者應該如何迅速脫穎而出呢？是在目前已有的品類中苦苦煎熬，還是鼓起勇氣開拓一片新天地？到底怎麼做才是對的？

事實告訴我們：寧做雞頭，不做鳳尾。開創一個新品類，即使這個品類目前的發展很緩慢，但是一旦新品類被消費者接受，你就是當之無愧的領導者。

第五章　占位：品類創新，帶領企業邁入藍海

著名的競爭策略專家麥可‧波特（Michael Porter），透過自己大量的實戰經驗，總結出了這三條容易取勝的策略：總成本領先策略、差異化策略和專一化策略。在他的著作中，麥可‧波特特別強調說：「想在競爭中求勝，唯一的辦法就是不要只顧著打敗對手。要在未來贏得勝利，企業必須停止競爭，開闢藍海，進入無競爭領域。」

開創新品類就是實施差異化策略的最好途徑，新品類產品是在市場上辨識度非常高的產品。因此，大多數企業的差異化策略都是在新品類中形成的。像戴爾這樣單憑簡單的直銷模式就獲得成功的企業，畢竟是少數。

假如你想要透過現有的傳統的產品參與競爭，並且獲得收益，最好的方式就是採取成本領先策略。但是一個發展成熟的市場，利潤模式已經很透明了，但凡能夠在競爭洪流中堅持下來的品牌，在實力、技術、行銷上都不是省油的燈，你想跟這些企業競爭，基本沒有勝利的可能。

既然虎口奪食希望渺茫，不如去開拓荒原，創新品類，自己先玩起來。在這個方面，寶僑公司的做法值得我們學習。寶橋公司開啟亞洲市場的第一款洗髮精就是去屑王者「海倫仙度絲」，進入市場的第一款香皂就是強效除菌的「舒膚佳」。寶橋的成功不是偶然的，因為新品類天生的獨特價值，讓它更容易獲得消費者的青睞。

假如你的品牌不是這個品類的第一品牌，就應該擴散性思考，開創一個新品類，為自己製造成為第一品牌的機會。無數成功的案例證明，品類創新是企業迅速崛起的催化劑。毫不誇張地說，發現和創造一個新品類，價值勝過打 5,000 萬元廣告費。

品類創新不僅能幫助企業開啟競爭新局面，還能推動企業又快又穩地發展。在市場競爭越來越白熱化的今天，品類創新策略能夠助你成為市場上那獨一無二的耀眼新星。

3. 品類創新的基本法則

說到如何實施品類創新策略，讓我感到遺憾地是，很多企業在實施品類創新時，總是犯「一廂情願」的錯。

什麼是「一廂情願」的錯？就是企業所創造出來的新品類，只有企業自己認為好，而消費者卻難以接受。

企業之所以在品類創新時容易犯「一廂情願」的錯誤，是因為還沒掌握品類創新的基本法則，所以才會出現「運動地板」、「電熱皮鞋」等讓人摸不著頭緒的新品類。

既然如此，企業到底應該遵循哪些原則，才能避開品類創新過程中的雷區呢？堅持以下五大原則，相信品類創新之路會通暢很多（圖 5-3）。

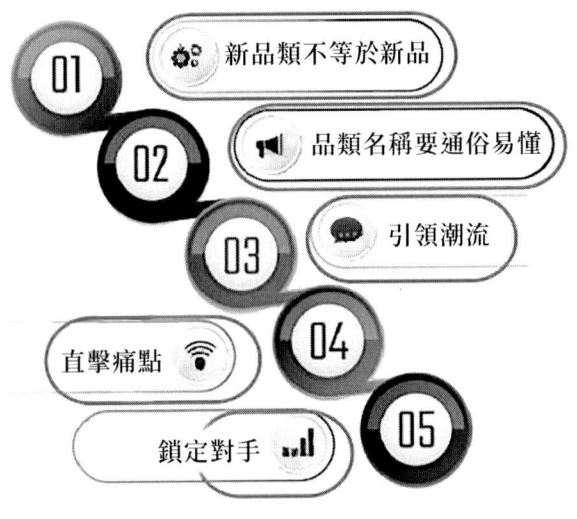

```
01  新品類不等於新品
02  品類名稱要通俗易懂
03  引領潮流
04  直擊痛點
05  鎖定對手
```

圖 5-3　品類創新的五大原則

原則一：新品類不等於新產品

　　一些發展比較好的企業幾乎把時間都放在了研究新產品上，但並沒有用在刀刃上，新產品和新品類是有本質區別的。

　　從二者的關係上來說，品類大於產品，新品類一定要有新產品，但是新產品不一定產生於新品類。為了便於理解，我來舉個例子。花王開發的蒸汽眼罩可以說是新品類，但是花王如果接著開發充電式蒸汽眼罩，或者中藥蒸汽眼罩，其就不算新品類，只能算是新產品。

一個新產品最終能不能成為新品類，決定權在消費者手上。假如消費者覺得你的產品和現有的品類是有本質區別的，並且認可你的存在，就可以成為新品類。

所以說，新品類和老品類在某種程度上是平起平坐的關係。站在競爭的角度上來看，要麼新品類逐漸代替老品類，要麼就和老品類不分上下。

原則二：品類名稱要通俗易懂

消費者都是普通人，既不是科學家，也不是哲學家，所以新品類的命名一定要堅持易記、易懂、易接受的原則。

王老吉涼茶起初並不叫涼茶，叫做植物飲料。當王老吉定位於植物飲料的時候，銷量一直上不去。但是後來王老吉將品類名稱改為涼茶後，銷售情況才發生了根本的變化。

因為，植物飲料這個名稱不太好理解，讓消費者對產品的性質難以把握。但是涼茶這個名字就很通俗易懂了，這個名稱對於消費者來說非常容易理解。

原則三：引領潮流

一個新品類要想獲得成功，就要讓消費者意識到它的確是個新東西，並且在將來人人都離不開，可以說，新品類是在為未來代言。

「電熱皮鞋」的確是個新東西，但是在未來真的會被廣泛使用嗎？我看未必，這就是「電熱皮鞋」會失敗的原因。

現在很多學生都喜歡買電子書，把需要讀的書和想要讀的書全部下載到電子書裡，媽媽再也不用擔心孩子上學書包沉了。

這裡的電子書就是一個新品類，雖然電子閱讀器的重量還不到500克，但是卻能裝下500公斤實體書的內容。所以，現在很多學校都開始鼓勵學生使用電子書，代替紙質書。

原則四：直擊痛點

一個好的品類名稱，要讓消費者一目了然，讓消費者對新品類的功能、性質有清晰的認識，並直擊消費者痛點。

在生活中，我們經常看到一些直擊痛點的品類名稱，比方說「排毒養顏膠囊」，這個品類名的指向性就很明確，消費者一看就知道這是什麼東西、有什麼功能、自己到底需不需要。假如生產它的企業把名字改成「綜合調理膠囊」會怎麼樣呢？答案已經呼之欲出了，就算還是原來的配方，還是原來的功能，銷量一定不如「排毒養顏膠囊」。

而一個反面案例就是「情緒飲料」，什麼叫「情緒飲料」，是喝了能讓人開心嗎？還是可以調節情緒？這個名稱並沒有戳到消費者的痛點。

原則五：鎖定對手

在前面的章節裡我提到過，新品類要麼超過老品類，要麼就和老品類平起平坐。意思就是，一個成功的新品類必須有一個明確的目標。如果一個新品類連自己的對手是誰都不知道，或者對手選擇不恰當，可能會陷入賣不出去的尷尬境地。

所以說，一個連競爭對手都沒有的新品類是不可能有多大的發展潛力的，一個連對手都不屑一顧的新品類更不可能發展成為市場藍海。

有一點大家要注意，並不是所有的新品類都是技術導向型的，開發新品類有很多種途徑，比如說消費者的生活狀態、消費習慣等。

透過對多個品類創新案例的分析，我覺得，大多數企業都面臨著業務轉型，而想要成功轉型，就不得不開始品類創新。

假如你把握不好品類創新的基本原則，就很難在創新之路上有什麼起色，甚至還會讓自己陷入泥沼，無法自拔。

4. 品類創新，怎麼做才能成功

開創新品類只是一個手段，企業的核心目的是成為品類代表者，在消費者心裡形成無可取代的地位，甚至透過品類

延伸,打造專家品牌,鞏固自己的競爭地位。

把握品類創新的基本法則有助於企業在實施品類創新策略時不走偏路。但是要想真正成功地實施品類策略,企業須將法則與具體方法相結合。

根據多年為企業做投資的經驗和實踐,我總結出以下五個品類創新的具體方法(圖 5-4),希望能幫助企業成功實施品類策略,從而為企業的業務轉型助一臂之力。因為,為企業家的品牌導航一直是我肩負的使命。

圖 5-4　成功實施品類創新的五大方法

技術創新

開創一個新品類最直接的方式就是技術創新,而技術創新又分為兩種情況。

(1) 技術革命

比如奇異（GE）就是透過技術革命開創新品類的，GE的創始人是大名鼎鼎的發明家湯瑪斯·愛迪生（Thomas Edison）。眾所周知，愛迪生是電燈的發明者，GE藉助這個無與倫比的優勢，逐漸發展成為一個強大的品牌。GE的這種方式很難被模仿，因為對於企業來說，技術革命不是一蹴而就的事情。因此，很少有企業能夠透過技術革命的方式開創新品類。

(2) 技術革新

和技術革命不同的是，技術革新只是在原有的技術上做更新或者改良，這對大多數企業來說就容易得多。

純品康納（Tropicana）就是個很典型的例子。最開始，這家公司以賣禮裝柳丁為主，後來又推出了濃縮果汁，但是這個市場早就飽和了，純品康納這個時候進入，也不過就是湊個熱鬧而已，一直沒什麼大起色。

但是純品康納並不滿足於現狀，透過研究，其發明了巴氏瞬間殺菌法。透過這種方法，果汁的保固期能夠延長到3個月，並且口味保持不變。有了這項新技術的加持，純品康納把所有的資源都放在新鮮非濃縮果汁的推廣上，結果大獲全勝，果汁市場發生了翻天覆地的變化。直到今天，純品康納依然是全球鮮果汁市場的領導品牌。

對比第一品牌,做行業黑馬

只要我們仔細觀察就會發現,很多新品類的出現都是以品類中第一品牌為參照物定位的。

透過對比的方式開創新品類,其實是一種差異化策略,是以大品牌為聚焦點定位新品類的勝出方法。它意味著我的產品跟你的不一樣、有區別。

透過對比實現品類創新,目的很簡單,就是要吸引消費者的注意力。

但是有一點企業需要注意,就是在選擇對比對象時,一定要以品類中的領導品牌為目標。如果不是領導品牌,基本就沒有對比的意義了。

除此之外,企業還可以以消費者為對象做對比,比方說性別、年齡、喜好等都可以作為定位元素。

怎麼判斷新品是否適合以對比者的角色出現呢?我們可參考表 5-1 的方法。

表 5-1　新品類是否適合以對比角色出現評判表

參考項目	是	否	評分標準
是對比品牌,產品賣點和強大競品賣點是對比關係			

參考項目	是	否	評分標準
是挑戰品牌,消費者消費時和對比品牌產生聯想			
行業銷量第二			
銷量≥第一品牌的二分之一			

這四個參考標準,分別代表了目標發展產品的四種潛能。

第一,對比品牌:對手的市場有多大,你的市場就有多大。

第二,挑戰品牌:對手的市場地位決定你的市場地位。

第三,行業銷量第二:最後可能超越第一,最有可能成為行業黑馬。

第四,銷量≥第一品牌的二分之一:差距不大,容易趕超。

品類切割,抓細分商機

隨著消費者的需求越來越細化,這就意味著企業的商機越來越多。

就拿白酒來說,最初市場上只有四種香型的白酒——醬

香型、濃香型、清香型、米香型。隨著工藝、科技的進步，加上市場的需求，又出現了很多其他的香型，統稱為其他香型。每一個新香型的出現，都是一個新機會。這就是品類切割，把一個大品類細抽成很多小品類。

透過品類切割的方式，企業的市場定位越來越精準，從而更容易在這個品類中脫穎而出，成為佼佼者。蚍蜉撼大樹，也能成為現實。

通常聚焦新產品的品類切割戰術有以下 5 種方法：

第一，感情切割。

同樣的產品可以賣出不同的感情。行銷的競爭，不是看誰的產品賣得更好，而是看在消費者心目中，誰的分量更重。透過品類切割，可以讓消費者看到產品的另一面，產生不同的消費感受。比方說哈根達斯，單憑一句「愛她就請她吃哈根達斯」的廣告語，品牌層次就不一樣了。

第二，類別切割。

俗話說，惹不起躲得起。比方說機能飲料基本上被「紅牛」壟斷，那你就不做機能飲料了，可以做運動飲料。

第三，市場切割。

迅速轉換強弱關係。比方主推大瓶飲料、主打餐飲行業。

第四，品牌切割。

激發品牌和消費者在情感上的共鳴，挖掘隱性價值。

第五,人群切割。

就是細分目標消費者。比方說你的產品是針對兒童市場,還是青少年市場?你針對老年人,還是年輕人?

我們把以上五個條件列成表 5-2,透過評分確定是否適合透過品類切割來開創新品類。

表 5-2　透過切割品類創立新品類判定表

參考項目	是	否	評分標準
感情切割			「是」得1分 「否」減1分 得分相加≧4分的產品可以考慮
類別切割			
市場切割			
品牌切割			
人群切割			

最後,還應該強調一點,在品類切割時,一定要把競爭條件放在首位,根據具體情況切割市場,從而更精準地確定市場,取得有利的競爭地位。

把握新趨勢,開創新品類

如今的社會是一個高速發展的社會,新的問題不斷產生,也在生出很多解決問題的方法。環保問題、肥胖問題、全球變暖問題等,每個新概念都為創新品類建立了基礎。比

如，應對肥胖，有了零脂肪食品；應對環境，有了環保可降解材料；應對氣候變暖，有了低碳電器。

開創「市場中有，心智中無」的新品類

有這樣一句笑談：「三條腿的蛤蟆難找，兩條腿的男人還不好找嗎？」對於企業來說，消費者心目中沒有新品類，就如同兩條腿的男人，比比皆是。這種新品類有兩種情況：一種是許多新品類已經由企業推向市場，但是由於發展初期企業投入不足，加上後期的推廣方法不合適，導致新品類被埋沒；第二種情況是新品類已經出現很久，但是在消費者心目中沒有代表品牌。

嚴格來說，這個方法不是在開創新品類，而是教會企業如何在既有品類裡搶占先機，占據消費者心智。

到此為止，關於品類創新的具體方法你已經知道了很多，但你知道以上介紹的內容中最重要的是什麼嗎？

答案是——立即行動起來，用實踐去檢驗真理。成功實施品類創新並不是一件難事，行動起來，越早越好！

5. 如何規避新品類市場風險

創新總是與風險相伴而生的。創新是對原有東西的突破和對新目標的追求，其間必然包含著許多不確定因素，因而

具有較大的風險。品類創新也不例外。那麼,應該如何規避新品類的市場風險呢?

風險一:消費者的需求有真有假

在做品類創新時,企業不能憑空想像消費者的需求。消費者的需求需要企業全方位的調研。假如消費者沒有需求,那麼就算你創新的品類功能再強,性價比再高,也得不到消費者的青睞。

不信的話,我們一起來看看 TCL 的案例。

TCL 曾經大力推廣過一個叫做 HiD 的新產品。這個東西是做什麼的呢?TCL 是想透過這個產品讓電視機也能上網。這就是典型的偽需求,因為對於現在的消費者來說,都是客廳一個電視,臥室一個電視,恨不得在廁所裡都裝一個電視,但是 TCL 卻偏要跟消費者唱反調,研發一個新品類,讓消費者在客廳裡又看電視又上網,哪有人願意呢?最後以失敗告終,幾千萬的投資也打了水漂。

還有人說索尼創造了隨身聽,所以人們才有了需求,這完全是在顛倒是非。人們本來就有聽歌的需求,只是以前的錄音機體積太大,不方便攜帶,只能固定在一個地方聽。那時的新新人類想要邊走邊聽歌,只能抱著錄音機到處跑,這也是幾十年前街上的一道風景線。並不是有了隨身聽,消費

者才有了需求;而是消費者有了需求,才誕生了隨身聽。

辨別消費者的需求是真是假,掌握以下三點就行了(圖5-5)。

圖 5-5　辨別消費者需求的三個要點

(1)新品類和舊品類在需求上和功能上要有一定的延續

新品類和舊品類在需求上和功能上要有一定的延續,不能完全脫離,這樣可以節省宣傳的成本。產品可以新,但是需求不能新,消費者本來沒有需求,但是你非要創造需求,那就是沒事找事了。

後來出現的 USB,在功能上延續了以前 3.5 吋軟碟片的儲存功能,但是在外觀和記憶體上更新了,消費者一看就會,根本不用教。

(2) 搞清楚消費者到底需要什麼

消費者要買 7 號電池，是因為現在的遙控器越來越小巧，裝不下 5 號的了；化妝品賣的不是瓶子裡的乳液和精華，而是美麗和青春。如果連這個問題都沒有搞清楚，必定會犯片面性的錯。有些企業比統一更早推廣茶類飲料，但是它們為什麼沒有知名度？因為犯了一個錯，把飲料裝在易開罐裡，消費者一看：我是喝飲料，又不是喝罐子，包裝都比茶水貴，划不來。如此一來，當然沒有人買單了。

(3) 傳遞給消費者的資訊，一定要在品類上有所展現

新品類傳遞給消費者的資訊，一定要在品類上有所展現，產品定位要和產品不二之選相符合，不能是抽象的概念。

風險二：防止跟風，保住自己的競爭地位

俗話說，荒田無人耕，一耕有人爭。這句話用來形容新品類市場再合適不過了。對於企業來說，最頭痛的問題就是，自己開發出來的市場，前期投入了大量的人力、物力、財力，好不容易熬出了頭，準備收益的時候，有人來撿現成的。這種情況非常常見，企業需要有封鎖跟風者的辦法（圖 5-6）。

01 只要實力允許，市場推進速度要快

02 盡量不要選擇那些需要引導和配套設施的品類

03 在技術和產品上隨時做好升級的準備

圖 5-6 封鎖跟風者的三大方法

(1) 只要實力允許，市場推進速度要快

只要自己的實力跟得上，新品類開拓之路能走多快就走多快，最好能跑起來。不僅要盡可能多地獲取市場占有率，還要在消費者心裡穩坐第一的位置。否則，一旦競爭對手出現，很容易就讓對方捷足先登了。

其實，品類已經存在不可怕，只要你能逐漸占據消費者心中該品類第一的位置，就不怕被打敗。

(2) 盡量不要選擇那些需要引導和配套設施的品類

假如企業的能力還有待加強，千萬不要走當年中國萬燕 VCD 的老路，因為 VCD 需要配套設定。光買個空盒子回

去，沒有 VCD 看，有什麼意思呢？除此之外，完全創新的品類也最好離得遠一點，因為你不僅要宣傳，還要告訴消費者怎麼用、有什麼好處，難度太大。企業要在進攻市場時，選擇聚焦某個品類，既不用教，又跟對手產生了差異，才能一炮而紅。

(3)在技術和產品上隨時做好更新的準備

想成為品類第一品牌，就要在技術和產品上隨時做好更新的準備。當你創新的品類人氣節節攀升時，難免會出現跟風模仿的人。作為開創者和領導者，一定要證明自己的血統才是最純正的。比方說可口可樂，至今都沒人知道它真正的配方。

Part3
控道 ——
做一家「值錢」的企業

第六章　轉型：
由「市場經濟」邁向「資本經濟」

導讀

　　我把挖掘企業的強基因稱為「尋道」，也是企業的「第一次跳躍」；透過品類策略換到新的賽道上稱為「換道」，是企業的「第二次跳躍」；那麼企業發展的「第三次跳躍」是什麼呢？

　　我認為，由市場經濟邁向資本經濟的轉變便可稱為「第三次跳躍」。這是最「驚人的一跳」，需要企業研究和掌握資本內涵、資本思維、資本路徑、資本平臺和資本運作技巧。

　　因此，我把這「驚人的一跳」稱為「控道」。

　　雖然如今是資本經濟時代，不管是大企業，還是中小企業，都應該了解並邁向資本。但令我感到遺憾的是，到現在為止，說到資本，很多企業家仍然認為：我的企業離資本還很遠。

　　的確，這兩年來，新聞和輿論已經把「資本」推上了神壇，這讓很多中小企業家認為，只有企業增加規模實力以

後,才有資格邁向資本。事實上,資本並不是一件多麼高大上的事,只要抓住資本的核心,掌握資本運作技巧,任何企業都可以邁向資本。

邁向資本,企業才有可能增強規模實力。

企業經歷換道超車後,要在自己的賽道上做遊戲規則的制定者,就要以市場為法則,透過資本運作,實現資本倍增。

在資本經濟時代,企業要轉變思維觀念,尋找資本路徑,選擇資本平臺,透過資本運作,由「市場經濟」邁向「資本經濟」,在資本市場撬動資本,充分運用資本槓桿的力量,讓資本帶著企業一起飛。

那麼,企業到底應該如何由「市場經濟」邁向「資本經濟」呢?

1. 資本祕密:企業為什麼要邁向資本

在為企業做投資的過程中,我經常會碰到一些想要顛覆資本市場的企業,這些企業雖然擁有很好的資源,卻因為思維觀念固化,不懂得藉助資本的力量,只是依靠自己緩慢發展,結果沒過多久,驀然回首,發現自己已經被行業「小弟」趕超,成了「燈火闌珊處」最弱的「燈火」,並且會隨時熄滅。

當危機來臨的時候,這些企業才急匆匆地走進「資本經

Part3 控道—做一家「值錢」的企業

濟」,妄圖趕上最後一班車。CSR 就是這樣一家企業。

CSR 建立於 1999 年,歷經 12 年的發展,到 2012 年,同類產品在全國也是寥寥無幾,因此 CSR 一直毫無懸念地穩坐機械行業的第一把交椅。可是從 2016 年開始,CSR 卻突然被一家原來在行業中排名第五的 CF 機械公司超越。

說起 CF 公司,也算是行業中的一個傳奇了。這家企業成立於 2001 年,比 CSR 晚了兩年。這兩家企業的經營專案幾乎相同,都是在做機械製造。可讓人感到費解的是,CF 為何能在短短的幾年時間裡,成功超越行業標竿企業 CSR,還成功登陸資本市場,成為創業板的第一牛股?詳見圖 6-1。

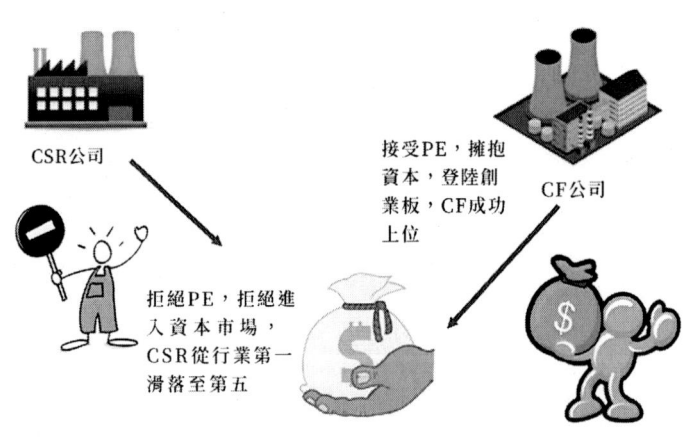

圖 6-1　CSR 公司和 CF 公司發展趨勢

究其原因,故事還要從 PE 投資說起。2011 年,一家 PE 投資機構看上了 CF 機械公司,並分別於 2011 年、2012 年購

第六章　轉型：由「市場經濟」邁向「資本經濟」

得 CF 公司 900 萬股和 1,050 萬股。這次與資本合作，CF 用股權融資了近 2.5 億。這 2.5 億的融資對於 CF 的發展來說，無疑是暗室逢燈。

CF 迅速由市場經濟邁向資本經濟，不僅在全國開闢了自己的管道，還將自己的企業打造成一個連鎖集團。同時，PE 投資機構還推動 CF 進入資本市場，幫助 CF 成功登陸創業板。在資本的推動下，CF 不斷擴張，在三年之內便成功爬上了機械行業龍頭老大的位置。

事實上，這家 PE 投資機構最開始看中的是 CSR 公司，不僅這一家 PE 機構，有好幾家投資機構都看中過 CSR 公司，但是 CSR 卻固執地認為：如果邁向資本市場，股份就會被投資機構稀釋。CSR 認為企業當時的利潤可觀，一步一步地發展是最好的。所以，根本沒有把資本當回事。

可時至今日，悔之晚矣。

像 CSR 這樣的企業並非個例。如今是一個資本時代，這是誰都知道的事，但是知道並非認同。思維固化、對資本不了解、不知道如何走進資本市場，是很多企業不願邁向資本經濟的核心原因。

賣產品是做加法，而賣股權是做乘法，這就是資本市場的祕密，也是 CF 上位、昔日的老大 CSR 落後的原因。

企業要增加規模實力，最好的轉型路徑就是邁向資本。

Part3　控道—做一家「值錢」的企業

那麼，企業為何要邁向資本呢？這是主要歸於以下三大原因（圖 6-2）。

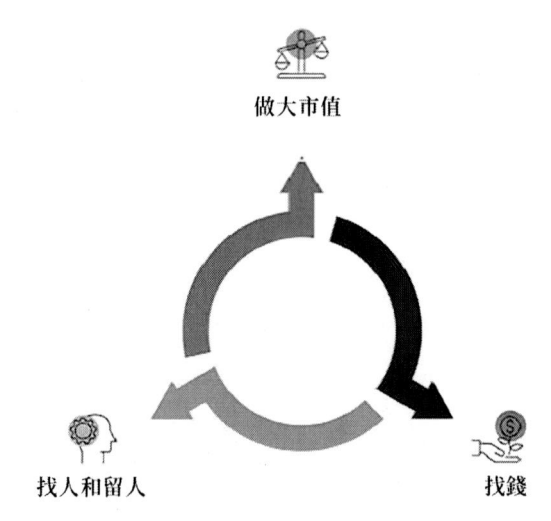

圖 6-2　企業邁向資本的三大原因

原因一：找錢

我們都知道，企業要增強規模實力，是否有足夠的資金支撐是關鍵所在。資金，就好比是企業的血脈，不僅能讓企業一直生存下去，還能讓企業不斷成長。但是企業應該去哪裡找錢呢？

答案就是：資本市場。

第一，關注產品經營，只能增強企業實力；邁向資本，才能增加企業規模。

第六章 轉型：由「市場經濟」邁向「資本經濟」

在如何找錢的問題上，我發現很多企業老闆都存在這個失誤——企業只要把產品做好了，賣好了，企業就會增加規模實力。不可否認，企業把產品做好了、賣好了，確實能讓企業獲取利潤。但是一味地關注產品經營，只能把增強企業實力，卻不能增加企業規模。只有懂得邁向資本，才能增加企業規模。

任何一家企業，只要用心，經營到一定程度，都能累積一定的資源和影響力。此時，如果企業能夠藉助資本的力量，提升企業的效率和價值，就可以實現跨越式發展。

反之，如果企業僅僅依靠產品經營來增強規模實力，就好比是一個人明明有了快跑的技術和能力，可以迅速衝到終點，卻因為沒有足夠的力量，而選擇慢悠悠地走路，目睹一個又一個競爭對手超越自己。這樣的做法不無讓人捶胸頓足。

縱觀如今國內的明星企業，哪一個不是資本運作的高手？這些企業為何能在缺錢的情況下還能迅速擴大，增加規模實力，一方面是由於它們本身擁有自己的強基因，另一方面是因為它們都是資本運作的高手。

所以，一個企業要想增強規模實力，首先要做好產品，得到資本的認可，然後透過資本運作，讓自己獲得大的投資來促進產品經營。這是一個良性循環。

上面的CSR，已經有近20年的產品營運資源，利潤也是非常可觀的，如果能抓住機遇，邁向資本，相信前途不可限量。

第二，股權融資就是印鈔機。

在如何找錢的問題上，很多企業常常首先會想到向銀行提供擔保、抵押。但是這條路並不好走，尤其在當前緊縮的貨幣政策環境中，向銀行借錢實在是難上加難。另外，我發現還有一些企業為了生存下去，甚至向高利貸借款。這樣做的唯一後果，就是企業賺取的利潤都被填到高額利息的黑洞中，老闆最終落得破產跑路的下場。

事實上，對於已經有盈利能力的企業來說，完全可以利用資本市場的股權融資來換錢。首先，這是一個不擔保、不要抵押、不要利息、不要歸還的融資管道。其次，股權融資金額多半都很大，能相當程度地解決了資金問題。

可以毫不誇張地說，對於盈利好的企業，股權融資就是印鈔機。

原因二：找人和留人

資本市場中有一句經典名言：投資第一是投入，第二是投入，第三還是投入。一家企業，最核心的資源是人才，尤其是企業悉心培養的核心人才，往往是支撐企業經營產品和

資本的基石。只有懂得把人才當作企業最大的資源，企業才能夠持續經營，基業長青。由此，吸引和留住核心人才便是企業增加規模實力的關鍵所在。

那麼，如何吸引和留住核心人才？

答案還是邁向資本。股權激勵是吸引和留住核心人才的「金手銬」。

在我做企業投資的這幾年裡，前前後後服務過100多家企業，發現很多不願邁向資本的企業都把股權視為命根子，認為薪資、獎金及各種福利待遇就能激勵人才。的確，這些外在的東西能在短期達到效果，但是隨著人才的成長，越來越多的企業會盯上你悉心培養的人才，你的這些東西其他企業也能給，這時你又該怎麼留住他們呢？

此時留住人才唯一的方法就是股權激勵，將企業的利益和人才的利益捆綁在一起，將核心人才變成企業的股東或老闆，一起共享成果，共擔風險，企業才有凝聚力，上下齊心，才能齊力斷金。

所以，企業要有資本思維，意識到股權激勵作為一種長期激勵機制的價值。股權激勵猶如「金手銬」，可以將員工變成企業的股東，讓核心人才分享到公司的利潤，並與企業共同成長。

原因三：做大市值

稍微留心一下，你就會發現，那些富豪排行榜上有名的人都有一個共同點：他們的資產大多來源於股票。所以說，企業一旦上市，可以為創始人和企業帶來雙重收益。

我來合算一下：如果作為老闆的你持有企業 30% 的股權，在這個企業上市之前，其總股份有 10 億，企業總資產為 25 億元，負債為 10 億元，淨資產為 15 億元。

透過預算得知，企業下一年的盈利能力大概在 10 億元。那麼，你手裡持有的 30% 的股權價值為 15 億元 ×30% =4.5 億元。

你的企業透過進入資本市場，最後終於順利上市。上市後，企業發行了 5 億股股票，假定每股下一年盈利 2.5 元，按照市場 20 倍市盈率來計算，每股的發行價為 2.5 元 ×20=50 元，這樣就能募集資金 50 億元。

此時，你的企業整體市值為總股本 × 每股價格 =15 億股 ×10 元／股 =150 億元。

這樣，你企業的資產從上市前的 15 億元，瞬間飛升到上市後的 150 億元，資產出現了大漲。

而對於持股 30% 的你來說，其持股的股票帳面價值也水漲船高，出現了大的增長，價值為 150 億元 ×30% =45 億元。

這是原始股東最希望看到的情況，所以，邁向資本市場

第六章 轉型：由「市場經濟」邁向「資本經濟」

能夠做大市值。

總結上述，我們發現，企業之所以要邁向資本，是為了找錢、找人和留人、做大市值。相信這些理念會幫助你從市場經濟邁向資本經濟。這並不是什麼不可思議的事情，告訴自己，你可以的。

不過，這裡的關鍵點是，你要明確，你的企業將來要如何發展？即你要清楚「你的企業為什麼邁向資本」這個目的。如果沒有想清楚「為什麼」就動手，單純地為了資本而找資本，那是無法產生實際效果的，恐怕過一陣子就會被打回原形。

現在就好好想想，你為什麼要邁向資本？

2. 資本思維：從產品市場到資本市場的核心

我的一位合夥人曾經為一間企業做過投資，基於保密性，我暫且叫它為 SMT 公司。SMT 從 19 萬元起家，經過十幾年的時間，淨資產規模超過 1,900 億元，增長超過 100 萬倍。SMT 是如何保持如此高速增長的呢？

答案只有一個：SMT 成功與資本市場聯姻。

1999 年，作為該區第一家登陸資本市場的民營企業，SMT 募集了 14 億元的資金，讓 SMT 創始人瞬間感受到資本市場的魔力。

Part3　控道—做一家「值錢」的企業

　　SMT 自此找到一種全新的發展模式，開始到處尋找投資機會，透過股權投資參股或控股，持續收購有潛力的優秀公司，並推動這些公司登陸資本市場。經過 18 年的發展，到 2017 年，SMT 已經成為民營綜合類上市公司排頭兵，旗下控制了 7 家上市公司。僅控股的這 7 家上市公司，透過股權融資，就為 SMT 帶來了 1,250 多億元的低成本、低風險的優質資金。此外，SMT 共參股超過 37 家企業。

　　從 2015 年開始，SMT 加快探索新的業務方向，開啟了私募股權投資與金融服務，甚至專門成立了私募股權基金管理公司，採用「股權投資＋產業投資」的方式發展。

　　迄今為止，SMT 旗下管理資產超過 7,500 億元，並越來越明確了自己的定位──投資集團。

　　有了如此穩定、眾多、龐大的資金來源，如何保證這些具有巨大潛力的事業能夠蒸蒸日上呢？

　　這就涉及人才的問題，SMT 一直推崇「讓專業的人做專業的事情」，那麼如何吸引並留住這些專業的高精尖人才呢？

　　針對這一點，SMT 也懂得借力資本市場，亮出了自己的絕招。除了為自己招募的人才提供具有市場競爭優勢的薪酬之外，SMT 還充分利用了股權激勵這個「金手銬」。

　　SMT 內部就有一套虛擬股權計劃，正因為如此，在地產行業普遍離職率超過 15％的情況下，SMT 的核心團隊穩定性

非常高，即使普通員工，離職率也僅僅保持在 6%～ 7%，還不到行業離職率的一半，這一切不得不歸功於其有效的股權激勵制度。

2016 年 9 月，SMT 再次公布了激勵計畫草案：公司將針對公司高管及骨幹，向激勵對象授予境內上市內資股共計 2,017.5 萬股，約占公司當前股本總額的 0.18%。

由此可見，SMT 深諳資本市場的遊戲規則。

企業為什麼要邁向資本？ SMT 的做法已經回答了這個問題：資本市場是一個為企業提供資金、人才、資源的平臺。

因此，企業要想像 SMT 那樣迅速做大，關鍵就是要讀懂資本市場的核心邏輯，睿智地將眼光投向資本市場。

不得不說，資本市場具有巨大的魔力，只要你掌握了它的咒語，懂得它運作的遊戲規則，就能得到自己想要的。

那麼問題來了，企業應該如何從產品市場進入資本市場呢？

什麼是資本思維

思維決定作為。企業要邁向資本市場，企業家首先要擁有資本思維。 SMT 之所以擁有如今強大的實力，最大的原因也在於企業經營者擁有強大的資本思維。

那麼，什麼才是資本思維呢？

Part3　控道—做一家「值錢」的企業

　　要知道什麼是「資本思維」，我們首先要剖析什麼是「資本」。對於資本，不同的人有不同的理解，就像一千個人眼中有一千個哈姆雷特一樣。我的結論是，任何可以為你帶來增值的東西，都能稱為資本。

　　說到這裡，肯定有的企業家會說：「錢能帶來增值，那是不是所有的錢都是資本呢？」

　　當然不是！

　　我舉個簡單的例子來說明一下：房子是由磚頭砌成的，那是不是磚頭也能叫做房子呢？同樣的道理，資本是由錢構成的，但錢卻不能算是「資本」。那麼，資本和錢主要有什麼區別呢？我總結如下（圖 6-3）：

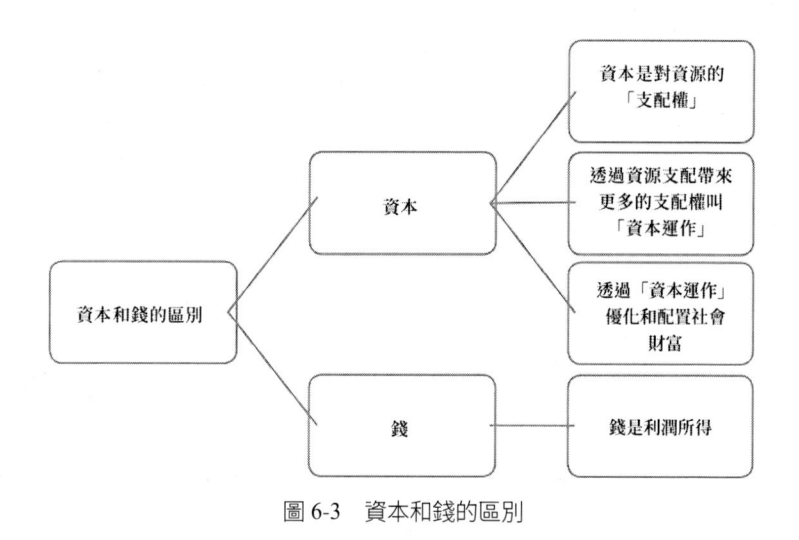

```
                        ┌─ 資本是對資源的「支配權」
              ┌─ 資本 ──┼─ 透過資源支配帶來更多的支配權叫「資本運作」
資本和錢的區別 ┤         └─ 透過「資本運作」優化和配置社會財富
              └─ 錢 ──── 錢是利潤所得
```

圖 6-3　資本和錢的區別

透過比較「資本」與「錢」的區別，我們就很容易知道，資本思維的精髓是結構重組，即天下財為天下人所取和所用，這關乎如何取天下財和如何用天下財的問題。正確地對待財富，正當地追求財富，合理地使用財富，才是正確的資本思維，是我們應該做的事情。

企業家如何建構資本思維

知道了什麼是資本思維，那麼企業家應該如何建構資本思維呢？透過近幾年對企業的投資及研究，我認為，要從槓桿思維、市值思維、協同思維這三個梯度來建構資本思維（圖 6-4）。

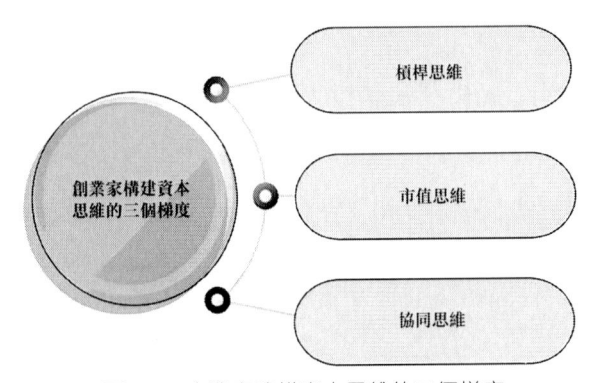

圖 6-4 企業家建構資本思維的三個梯度

第一，槓桿思維。

槓桿思維來源於阿基米德（Archimedes）那句名言：「給我一個支點，我就能撬起整個地球。」換句話說就是，以小

Part3　控道─做一家「值錢」的企業

的資本撬動大的資本，以獲得更多的收益。簡單地說，就是負債經營。這樣的思維方式可以彌補創業企業資金的缺陷，做到先發制人，成功搶占市場。

如果你的企業淨利潤達到20%，而你自己擁有的資本投資是5,000萬元，你就能獲得1,000萬元的淨利潤。如果你融得2億元，舉債的利益率為10%，你需要支付2,000萬元的利息，但是這2億元卻能為你帶來4,000萬元收益，減去2,000萬元的利息，你還能獲得2,000萬元的淨利潤。

這就是槓桿思維產生的效果。一流企業和二流企業的區別，就在於企業家能不能運用槓桿思維。

當然，在利用槓桿思維時，一定要權衡企業的負債率。如果企業的經營利潤率高於負債成本時，可以適當加大負債經營的比例；如果負債過重，導致企業無力償還，則會直接導致企業現金流斷裂。

第二，市值思維。

市值思維比槓桿思維要更進一步，所謂市值思維，就是依靠企業的資本價值來擴張。但是，在現實中，很多企業家卻對自己企業的資本價值感到困惑。有的企業家是這樣計算自己企業的資本價值的，即企業總資產除去負債以後的資產淨值的價值。很顯然，這樣的思維是錯誤的。

我舉個簡單的例子，相信你一聽就能明白。什麼是企業

的資本價值？比如，你的企業有 5 億元的淨資產，但是這 5 億元並不只值 5 億元，因為你企業每年的淨利潤有 1.5 億元。如果按照 10 倍的市盈率來計算的話，你的企業可以賣到 15 億元。

市值代表了企業未來的賺錢能力，優秀的企業家都不會認為企業的資本價值是虛的，關於這一點，坊間流傳這樣一個關於華人首富李嘉誠的故事。

有一次，李嘉誠宴請公司的客人。吃完飯結帳的時候，李嘉誠從自己的錢包裡掏出 2 萬港幣買單。在場的人都不明白他為何要這樣做，他說道：「如果這頓飯由我的公司買單，那麼公司就多了 2 萬元的支出費用，相應地，淨利潤就少了 2 萬元。按照現在股市 30 倍的市盈率來計算，我的企業市值無端少了 60 萬元。」

第三，協同思維。

協同思維，是指以各業務間金融資源調配、內部融資為目的的資本運作。縱觀如今處於行業頂端的企業，它們都有著這樣一個共同點：總部能夠掌控金融資源的內部配置，透過不同業務的組合可以重新分配現金流與投資，並且獲得比公開資本市場更高的效率。

比如，阿里巴巴公司採用的多元化策略，並不是多元化經營，而是多元化投資。多元化投資如果投資失敗，只會為

投資人的投資收益帶來影響，卻不會影響公司的現金流。多元化經營卻正好相反。

反觀現在，賺錢的野蠻時代已經過去，未來是拼真本事的時代。在商業競爭越來越激烈的今天，企業家要轉變自己的思維觀念，運用槓桿思維、市值思維和協同思維來建構資本思維。邁向資本市場，才能增強企業規模實力，造就一家「值錢」的企業。

3. 資本運作：讓資本帶企業一起飛

京東，2004 年市值僅僅為 1.5 億元。然而，經過 10 年的發展，到 2014 年，京東的市值達到 6,275 億元，增長了 4,000 多倍，創造了中國電子商務的奇蹟。10 年的高速增長，京東在電商大潮中闢出自己的發展之路，也因此獲得了資本的青睞。

2014 年 5 月，京東在那斯達克正式掛牌上市，開盤價為 21.75 美元，市值達到 297 億美元。

京東資本倍增的祕訣在於：充分利用了資本市場的新玩法，改寫了電商的競爭格局，最終以後來者居上的姿態笑傲江湖。那麼，京東是如何玩轉資本的呢？

透過對京東的研究和調查，我認為京東之所以能讓資本倍增，主要源於以下三大運作技巧。

第六章　轉型：由「市場經濟」邁向「資本經濟」

　　首先，採用優先股策略。京東早期的三輪私募屬於「夾層融資」，這是一種長期融資方式，性質介於股權融資和債權融資之間，具體條款由投融資雙方靈活商定。

　　關於京東的這三輪融資，我做了表 6-1，供大家參考閱讀。

表 6-1　京東早期的 A、B、C 輪融資

融資(輪)	融資時間	融資方式	投資方	融資額
A 輪	2007 年 3 月	發行 7.75 億「A 類可以贖可轉優先股」，附帶 6.55 億份購股權	今日資本	1,000 萬美元
B 輪	2009 年 1 月	發行 11.75 億「B 類可以贖可以轉優先股」	今日資本、雄牛、梁伯韜	2,100 萬美元
C 輪	2010 年 9 月	發行了 8.9 億「C 類可以贖可以轉優先股」	高瓴資本	1.38 億美元

　　透過以上三輪融資，京東獲得了高達 1.69 億美元的資本。而這三輪融資裡，創始人劉強東使用了優先股策略，牢牢地把企業控制權握在自己手裡。當然，投資人之所以接

179

Part3 控道—做一家「值錢」的企業

受劉強東的優先股方式，也是有條件的。比如，投資人要無比看好劉強東，還要監督京東的業績和資金使用情況。事實是，京東以傲人的業績，讓投資人心甘情願地為其拿出了1.69億美元。

其次，投資人排他性策略。優先股策略雖然不錯，可是，這種方式的融資額是有限度的。於是，京東在2011年開始發售普通股融資。累計發售40億普通股，獲得18.57億美元現金。

在這樣大規模股權融資的過程中，劉強東採用了投資人排他性策略，將投票權授予他的兩家BVI公司。經過幾番博弈，京東在上市前，透過BVI公司控制了68.75億股投票權，占比55.9%，以微弱的優勢又一次地保住了控制權。

最後，雙層股權結構。在京東上市前，一些投資人不願將投票權授予劉強東。上市後，11家投資機構將收回39.8億股的投票權，加上京東將要發售6.9億新股，這樣算下來，劉強東手裡對京東的占股比例只有20.5%。

這時，劉強東巧妙地採用了雙層股權結構。所謂雙層股權結構，就是京東上市後，劉強東持有的28.25億股將轉為B類股票，每股有20份投票權。其他新舊投資人持有的都是A類股票，每股有1份投票權。至此，京東實現資本倍增。

京東資本倍增的例子再次印證：經營一家企業，從本質

上來說，就是資本與產業的結合。有的企業藉助資本，實現了一飛沖天的夢想，創造了商業神話；有的企業和資本牽手後，卻矛盾不斷，經營受阻，最終不得不分手。要想與資本完成一段優美的舞姿，關鍵是把握趨勢，懂得資本運作，如此才能最終實現資本的倍增。

資本運作的意義

擁有資本思維只是第一步，懂得資本運作才是關鍵。企業家要想增強企業規模實力，完全依靠產品獲得的利潤總是有限的，學會資本運作才是企業發展的關鍵所在。所以，企業必須要了解資本運作的概念，熟悉資本運作的模式，積極探索資本運作模式的創新。只有這樣，才能實現資本的跳躍性增長。

資本運作又稱資本營運，指的是利用市場法則，透過資本本身的技巧性運作或資本的科學運動，實現價值增值、效益增長。資本運作不同於生產製造、庫存管理、產品行銷、市場開拓等傳統意義上的經營活動，而是著重於企業資本項下的活動，比如上市、融資、企業兼併、債務重組等。

也就是說，資本運作就是利用資本市場，透過買賣企業和資產而賺錢的經營活動。

資本運作的兩大模式

按照資本運作的方向，我們可以把企業的資本運作分為以下兩種模式（圖 6-5）。

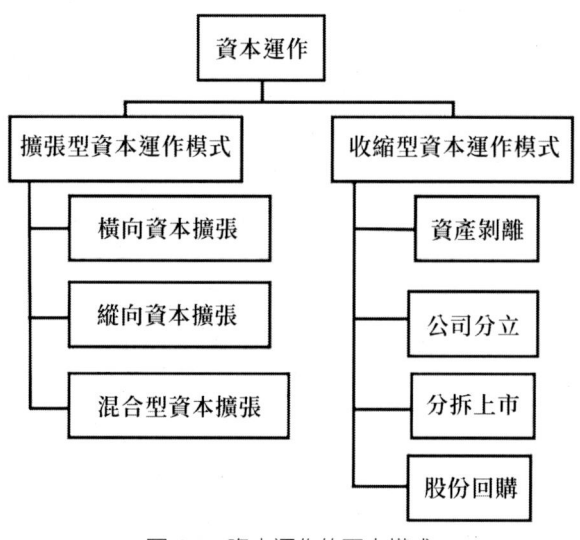

```
                    資本運作
                   /        \
        擴張型資本運作模式    收縮型資本運作模式
          |                    |
        橫向資本擴張           資產剝離
          |                    |
        縱向資本擴張           公司分立
          |                    |
        混合型資本擴張         分拆上市
                               |
                              股份回購
```

圖 6-5　資本運作的兩大模式

第一種：資本擴張。

資本擴張是指在現有資本結構下，透過內部累積、追加投資、兼併和收購等方式，實現企業資本規模的擴大。根據產權流動的不同軌道，可以將資本擴張分為三種類型，即橫向擴張、縱向擴張、混合擴張。

第二種：資本收縮。

資本收縮是指企業把自己擁有的一部分資產、子公司、

內部某個部門或分支機構轉移到公司外,從而縮小公司的規模。這種方式針對公司總規模或主營業務範圍而做的重組,根本目的是追求最大企業價值、提高企業的執行效率。

收縮型資本營運是擴張型資本營運的逆操作,其主要實現形式有四種,即資產剝離、公司分立、分拆上市、股份回購。

資本運作的特點

與企業的產品經營運作過程不同,資本運作是一個複雜的系統工程。如果概括它的特點的話,可以歸納為以下三個方面(見圖 6-6)。

01 資本運作是以人為本的運作過程

02 資本運作具有高風險性、高收益性

03 資本運作注重資本的流動性

圖 6-6 資本運作的特點

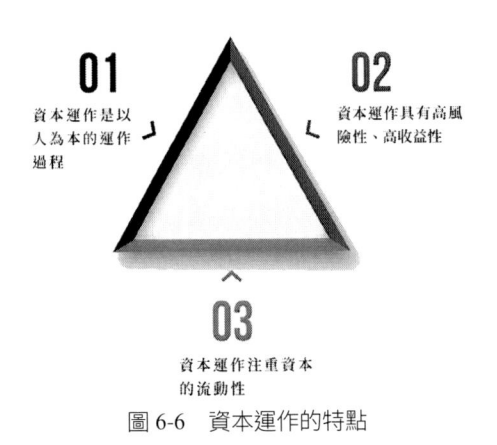

第一,資本運作是以人為本的運作過程。

資本運作最重要的因素是人。我可以肯定地說,在資本

運作中，人才比技術更重要。有很多企業家認為，想要資本運作成功，就要不斷地追求新概念、新專案、新市場。這是一種錯誤的觀念。不管什麼樣的資本運作，最重要的都是人。投資人投資你的企業，就是投資你和你的核心團隊。同樣，你做投資，也是如此。人才是資本運作的第一資本。因而，資本運作成功與否，人的因素是關鍵。

第二，資本運作具有高風險性、高收益性。

資本運作相當程度上代表一種創新，是新概念、新思想、新方法，這也決定了資本運作的風險性。創新成功，就意味有高收益，創新的風險性和效益性是呈正相關的。所以企業在資本運作的過程中，要意識到創新的風險性，採取措施來減少風險，這是資本運作的核心所在。

第三，資本運作注重資本的流動性。

資本閒置和沉澱是資本運作最大的浪費，資本只有處於流動中才能實現增值。所以資本運作的一切手段都是以資本的流動、盤活沉澱或閒置的資本存量，加快資本周轉的過程來展開的。

以上便是資本運作的核心所在。其實，資本的形成，既有企業內部的動因，也有企業外部環境的支持。重視資本運作的策略地位，借鑑成功的營運模式，並在現實的運作中不斷地探索和創新，對企業集團的發展有著深遠的意義。

因此，企業要想完成資本跳躍性增長，就一定要熟悉資本運作的各個關鍵環節，同時，還要充分把握企業的各種融資方式，提高企業由強到大的綜合能力。

總之，在資本經濟時代，資本之間的配置會產生一種驅動力，無數個驅動力就會組成社會前進的動力。這是大勢，每個企業都會被捲入其中。因此，應在資本市場撬動資本，充分發揮資本槓桿的力量，讓資本帶著企業一起飛。

4. 資本路徑：企業憑什麼能與資本市場聯姻

資本市場的構成有三個要素：錢、人、爆品。每個企業在不同的階段都會出現缺錢、缺人或缺爆品的狀況，那麼，企業要透過什麼路徑與資本市場聯姻呢？

既然資本市場和企業都離不開這三個要素，那麼，企業就可以透過這三個要素與資本市場聯姻，它們就是敲開資本市場大門的金鑰匙。為此，我把它們歸納為企業與資本聯姻的三條路徑。

路徑一：缺錢 —— 做股權融資

企業想找錢，最好的路徑就是做股權融資。

1999 年，馬雲拿著 250 萬元和 18 個創業者一起成立了阿里巴巴。當 250 萬元被用光後，缺錢的馬雲將目光投向了

Part3　控道—做一家「值錢」的企業

資本市場，並成功獲得了高盛 500 萬美元的天使投資。

隨著企業的發展壯大，阿里巴巴的資金缺口也越來越大，嘗到股權融資甜頭的馬雲第二次與資本聯姻，僅僅用了 6 分鐘，便說服了亞洲首富孫正義，獲得了 2,500 萬美元的投資。馬雲拿著這筆錢一步一步將阿里巴巴做大做強，讓它成為全球最大的電子商務企業。

2015 年，阿里巴巴在美國上市，市值 2,300 億美元。

這就是股權融資帶給阿里巴巴的奇蹟。如果當初馬雲沒有做股權融資，那麼也不可能造就今天的阿里巴巴。毫不誇張地說，阿里巴巴的成長史就是一個股權融資的發展史。

所以，對於缺錢的企業來說，股權融資是第一路徑選擇。企業可以根據自己的生命週期，透過出讓股權向天使基金、風險投資或私募股權投資基金融資。

企業怎樣才能成功地進行股權融資呢？我先講一個一家企業上市計劃「流產」的真實故事。

這家企業有 3 個股東，股權結構如下：董事長兼總裁占 60%，剩下的兩個股東，一個是主管研發的副總裁占 35%，另一個是主管行銷的副總裁占 5%。

3 個股東一起打天下，經過 10 年的打拚，終於讓公司成為行業內數一數二的企業標竿。企業利潤率高達 25%，並且連續 5 年獲得 50% 以上的增長。

毫無疑問，這是一家備受資本市場青睞的優質企業，其找到了國內頂尖保薦人中信證券啟動上市計畫，並已經獲得資本市場 500 億元的估值。

可是沒想到，就在最後關頭，意外發生了。

從創業期到成長期，企業發展十分平穩，股東之間關係非常融洽。可是現在企業要上市了，估值突然膨脹了數十倍，想到上市以後，大家的財富都會有幾十倍的增長，那個主管行銷的副總裁突然心裡不平衡了，他心想：「這家企業是靠行銷驅動的，這麼多年來一直依靠強而有力的行銷才為企業帶來如此高的增長，我的股權只有區區 5 個點，而其他兩個股東沒做多少事情，卻拿了那麼多的股份，企業一旦上市，財富會大大超過我，這下我就虧大了。」

於是，這位行銷副總裁撂擔子不做了。

最後，這家企業因為創始股東分家，不具備上市的基本條件，不得已放棄了上市計畫。

在上市融資的過程中，這樣的案例屢見不鮮。

企業要想成功地實現股權融資，必須練好以下三項「內功」（圖 6-10）。

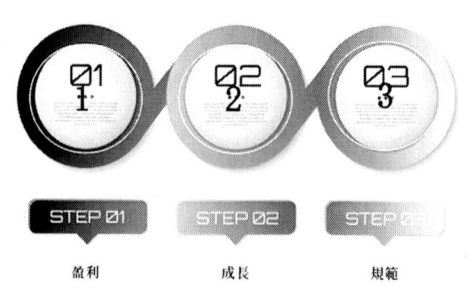

Part3　控道—做一家「值錢」的企業

圖 6-10　企業實現股權融資必練的三大內功

內功一：盈利。

盈利是一個硬性指標，你的企業過去可以不盈利，但是一定要有未來盈利的能力。

企業家一定要牢記：不管是天使投資還是風險投資，其最終目的都是為了回報。如果企業不盈利或沒有盈利的希望，那麼將永遠無法拿到資本市場的入場券。

內功二：成長。

為什麼投資人願意把錢投給你的企業？因為他們相信你的企業會成長，有成長空間和成長潛力。比如，你的企業去年收入 2 億元，那麼今年一定要收入 2.3 億元以上，至少每年要保持 30％的增長。如果沒有達到這個成長率，資本市場的股權融資這條路對於你來說也是困難重重。

內功三：規範。

經常有企業家問我：「何老師，我企業的財務很規範，為什麼每次與投資人接觸，他們都說我的企業不規範呢？」

事實上，這是因為投資人所說的「規範」並不單單指財務，它還包括三個方面：企業的核心高管要穩定，企業的關聯交易要規範，剝離同業競爭。

在這三個方面裡，最大的硬傷就是企業的核心高管不穩定。這一點，資本市場有硬性規定：企業在主板上市，核心高管層要保持 3 年穩定；如果在創業板上市，要保持 2 年穩定。

在我為企業做投資的諸多案例中，我認為以上三大內功是企業成功透過股權融資邁向資本市場的要素。

路徑二：缺人 —— 做股權激勵

人是企業最有價值的資產。一個企業，即使再有錢、有爆品，沒有人來運作，也不可能產生價值。所以，股權激勵是企業與資本市場聯姻的第二條路徑。

股權激勵可以幫助企業激勵和留住核心人才。在這方面，華為算得上是股權激勵的典範。

華為於 1987 年成立，目前已經成為全球 500 強企業，2016 年銷售收入達 5,216 億元，淨利潤 371 億元。如果要問華為憑什麼發展得如此迅速，那麼股權激勵肯定有一功。早在 1990 年，華為就開始實施股權激勵，成功留住近 15 萬高科技人才。正是因為有了這些高科技人才，華為才能迅速增強規模實力，並創造了一個又一個行業奇蹟。

路徑三：缺爆品 —— **股權投資**

有人說，李嘉誠睡覺都在賺錢。李嘉誠的長江塑膠廠成立於1950年，已過花甲之年。長江集團之所以能有如今的成就，這一切，都源於李嘉誠的股權投資。

據長江集團財務報告，其旗下已經有9家上市企業，業務遍布全球52個國家，市值超8,500億美元。事實上，長江集團之所以有如此大的市值，都是其投資的企業賺來的。

我曾經仔細研究過長江集團投資的企業，發現這些企業所在的行業都不相同，彼此間的關聯性也很弱。我想，這就是李嘉誠先生的股權投資策略 —— 鞏固強基因的同時，透過其他行業的股權投資來分散風險。

所以，人們說李嘉誠睡覺都在賺錢，是因為他找到了走向資本的開關，撬動了「股權投資」這個槓桿。那麼，股權投資便是企業與資本市場聯姻的第三條路徑。

說到股權投資，這其實是一個技術活，任何一個環節的疏漏，都可能導致雙方走向雙輸的局面。企業家在做股權投資之前，一定要按照投資流程來進行。否則，極有可能會導致尷尬的結局。

一般來說，一個完整的股權投資流程包含三個步驟（圖6-12）。

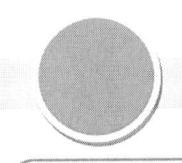

第一步：看行業。通過行業分析的資料了解行業的發展趨勢

第二步：看客戶。了解其對投資企業的評價，能否做到客戶價值最大化

第三步：看團隊。訪談團隊，看看這個團隊是否能夠做好這份事業

圖 6-12　股權投資的流程

以上便是企業與資本市場聯姻的三條主要路徑。當然，我說的這三條路徑也不是股權投資的「聖旨」。企業可以根據自己的實際情況，在做股權激勵和引進投資者時，以這三個關鍵節點為參考，不能因為隨心所欲或是盲目自信，使得自己失去了對企業的控制權，白白將自己辛苦經營數年的企業拱手送人。

第七章 更新：
先讓企業「值錢」，再讓企業「賺錢」

導讀

挖掘強基因、實施品類策略、邁向資本，可以增強企業規模實力，但是企業理應更有價值地活著。

在企業管理中，有一句被大家說爛的俗語：一年企業靠運氣，五年企業靠管理，十年企業靠經營，百年企業靠文化。

那麼，按照這樣的邏輯，我認為，增強企業規模實力，也可以有這樣一個警句：四流企業賣苦力；三流企業賣產品；二流企業賣品牌；一流企業賣價值。

試問，哪個企業不想成為一流的企業？要成為一流的企業，你就必須把你的企業做成「值錢」的企業，而非「賺錢」的企業。說到這裡，肯定有很多企業家會反駁：「我做企業不是為了賺錢嗎？」

的確，對於中小企業來說，有這種想法不奇怪。因為處

第七章 更新：先讓企業「值錢」，再讓企業「賺錢」

在這個階段的企業大多是為了賺錢，為了利潤。但是如果你想增強企業規模實力，就要摒棄這種思維，擁有值錢思維。商業的本質是創造價值，賺錢只是結果。

很多人會疑惑：值錢和賺錢有什麼區別？

我舉個簡單的例子：甲企業 2017 年的利潤是 5,000 萬元，乙企業 2017 年的利潤是 2,500 萬元。

如果你問哪家企業更賺錢？毋庸置疑，肯定是甲企業。

如果你問哪家企業更值錢？答案就不是確定的了。或許是甲企業，也或許是乙企業。

判斷一家企業是否值錢，並不是看利潤的高低，而是看企業的執行狀況是否能夠持續營運成為有價值的企業，也就是說更重要的是看未來。

1. 資本內幕：「賺錢」不等於「值錢」

從資本角度看，企業分為兩種：賺錢的企業和值錢的企業。兩者僅僅一字之差，背後卻蘊藏著巨大的思維和邏輯的差別。

我經常會遇到一些企業家為了獲得融資跟我說：「我的企業將在一年之內利潤達到 2.5 億！」「我的專案是一個很厲害的創意，兩年內絕對能賺 2.5 億！」每當聽到這樣的話，我會立刻抬腳走人。我想，不僅是我，任何一個投資人都不會

為具有這樣思維的企業投資。這樣的企業，大致特點都差不多，比如利潤高、現金流充足、業務範圍狹窄、技術開發狹窄、企業毫無願景……這類企業大多是從自己熟悉的行業做起，靠著一定的資源慢慢加大了企業規模。

其業務模式是透過抱緊大客戶的「大腿」，靠著一單活一年。這樣的業務模式導致企業一直處在一個高危地帶，只要大客戶一走，企業立刻崩潰。

對於大多數資本來說，「燒」錢並不是問題，而是必要的競爭手段。如果前期不透過「燒」錢來搶占市場，培養使用者的使用習慣，那麼將會很快死掉。但是當透過「燒」錢成為行業第一時，便擁有了絕對的話語權。所以，從資本角度看，儘管看起來一直在虧損，但如果搶占的市場足夠大，這些「燒」掉的錢遲早有一天會賺回來的。這就是一家不賺錢的企業的值錢之處，也是傳統企業在成長過程中應該儘早揭開的資本內幕。

那麼，到底什麼是「賺錢」的企業？什麼又是「值錢」的企業？兩者又有什麼區別呢？

什麼是「賺錢」的企業

從資本角度看，「賺錢」企業往往呈現以下三個特徵（圖7-1）。

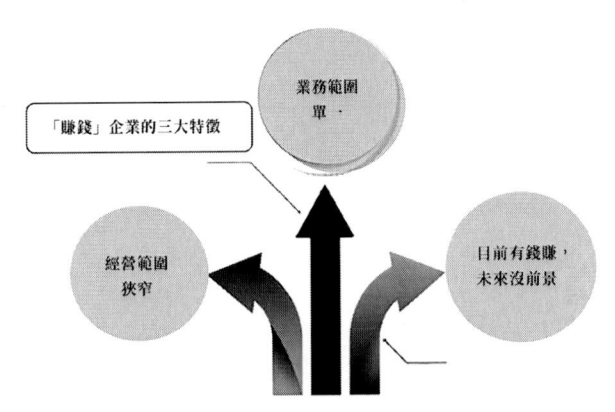

圖 7-1 「賺錢」企業的三大特徵

(1) 經營範圍狹窄

「賺錢」企業最大的特徵就是經營範圍狹窄。我經常聽到一些企業家在融資時對投資人說「我的企業是××市第一」、「我的產品主打 ×× 區的市場」……這都是經營範圍狹窄的表現。這樣的企業被束縛在一個區域內，即使再如何做大做強，也逃不過「經營範圍」的這個框。試問，一個市能有多大的市場？一個區能有多大的利潤？

(2) 業務範圍單一

「賺錢」企業第二個特徵是業務範圍單一。這是現在 85% 的企業都存在的問題。許多企業認為只有大客戶才能帶來大利潤，所以死「磕」大客戶。這樣業務範圍單一的企業，只要大客戶一撤，會立刻陷入危險地帶。

(3)目前有錢賺,未來沒前景

「賺錢」企業第三個特徵是目前有錢賺,但是未來沒前景。很多企業由於產品創新或擁有資源,目前有一定的利潤,但是使用者流失率高,所做的往往是一單買賣。這樣的企業目前看起來是有錢賺,隨著使用者的流失、產品的疊代,未來就不一定有前景了。

上述三點便是「賺錢」企業的三大特徵。總結起來,「賺錢」企業並不是現金流不充足,而是缺乏策略想像力。這也是一家賺錢的企業從資本角度看不值錢的原因。

什麼是「值錢」的企業

從資本角度看,「值錢」的企業往往呈現以下三個特徵(圖 7-2):

什麼是「值錢」的企業:
- 有高眼界,緊盯行業第一
- 有強大的市場占有率想像力
- 產品有創新性

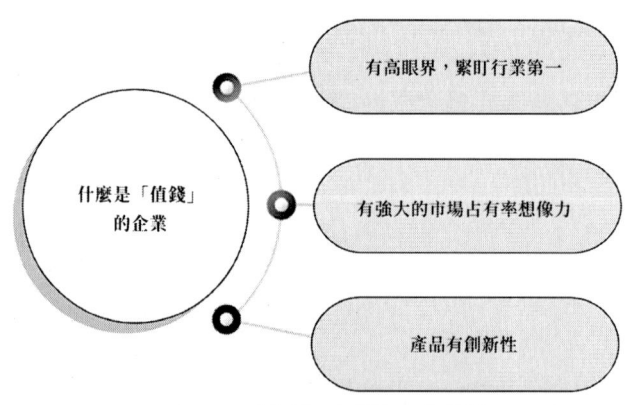

圖 7-2 「值錢」企業的三大特徵

(1) 有高眼界,緊盯行業第一

「值錢」企業最大的特徵就是眼光遠大。這樣的企業並不看重眼前的蠅頭小利,而是緊盯行業第一,並不看中現金流,剛開始可能一直在不停地「燒」錢,等搶占了市場占有率,成為行業第一後,現金流早就不是問題了。

(2) 有強大的市場占有率想像力

「值錢」企業的第二個特徵是有強大的市場占有率想像力。什麼是市場占有率想像力?就是企業在選擇市場時,會選擇有前景的市場,一旦進入市場,就會以低價的方式去獲取使用者。只要使用者形成消費習慣,企業的價值就不可同日而語了。

(3) 產品有創新性

「值錢」企業的第三個特徵是產品有創新性。如今是個創新的時代,不創新無異於等死。所以,企業的產品一定要具有創新性。

以上三點便是「值錢」企業的三大特徵。衡量一個企業是否值錢的標準並不是現金流,而是各種資料呈現出來的企業是否有美好的未來,這也是一家值錢的企業現在並不賺錢的原因所在。

「賺錢」vs「值錢」，區別何在

透過了解「賺錢」企業和「值錢」企業的特徵，我們可以清晰地看出兩者的區別。總結一下，其本質區別在於以下兩點（圖 7-3）：

圖 7-3 「賺錢」企業和「值錢」企業的區別

(1)區別一：用自己的錢 vs 用風投的錢

賺錢的企業財大氣粗，有錢任性，使用的大多是自己的錢，也包括企業股東的錢和銀行借款。而值錢的企業大多數用的是「別人的錢」，這裡的「別人」就是投資人。

當然，投資人也不是傻子，不會傻傻地把錢給你，假如你能讓自己和自己的企業變得值錢，那情況就不一樣了。比如你擁有超高的行業占有率，市場口碑爆棚，網羅了行

業內的頂尖菁英，或者社會形象很正面，這都是獲得融資的籌碼。

(2)區別二：**關注當下利潤 vs 關注結構性價值**

賺錢的企業更關注現金流，也就是當下的利潤，其想以最低的成本獲得最高的收益，因此，絞盡腦汁研發新產品、改善服務、提升管理水平、拓展市場，小心翼翼地經營著自己的事業。這樣只知道賺錢的企業，忽略了建立自己的核心競爭力，最終只會落得被後浪拍死在沙灘上的結局。

值錢的企業則不一樣，會把注意力放在企業的結構性價值上，未雨綢繆，有眼界，站在行業的風口浪尖，努力培養自己的核心競爭力。就算眼前是虧損的，但是依然堅持自己的方向。因為背後有雄厚的資本支持，其可以心無旁騖地研究產品，為自己打廣告，甚至貼錢給消費者，先打出自己的招牌，占據市場。隨著時間的推移，產品知名度會越來越大，這樣的企業就是值錢的企業，在資本的幫助下更易迅速起飛，快速成長，併成功上市。

綜上所述，「賺錢」不等於「值錢」。作為企業家，要有一定的眼界和信念，賺錢並沒有錯，但如果只是現在賺錢，沒有未來，就不能長久經營。所以，請從現在開始，挖掘企業的強基因，透過品類策略做大企業，然後邁向資本，做一家「值錢」的企業。

2. 值錢思維：不同的思維造就不同的未來

為什麼同樣是做企業，有些人就能獲得非常大的成就，能把企業做得如此強大，如此值錢？

我本人也一直在思考這個問題。為此，我詳細地研究了一下富豪榜上前 20 名的企業家。在檢視、翻閱他們的個人履歷、企業發展史及思考方式之後，我得出這樣一個結論：他們之所以把企業做得如此「值錢」，是因為他們擁有「值錢」的思維。所謂思維決定作為。

企業家經營企業，不同的思維造就不同的未來，他們都擁有縝密的「值錢」思維。這樣的思維讓他們在經營企業時，不管是在企業的策略規劃方面，還是在企業的願景使命方面，所採用的方法都是與傳統思維不同的。

為什麼企業家要擁有「值錢思維」

莊子說：「井蛙不可語於海者，拘於虛也；夏蟲不可語於冰者，篤於時也。」一個人的思維受到局限，猶如夏蟲、井蛙，不可能觸及自身思維框架之外的領域。可以說，一個人的思維習慣決定了其思考力的疆界。

我在為企業做投資時，總能看見一些企業家把自己的企業當成一個「賺錢的機器」，為了賺錢，無所不用其極，財務造假、敷衍消費者、不按上市公司標準執行等。他們這樣做

第七章　更新：先讓企業「值錢」，再讓企業「賺錢」

的目的無非是讓企業看起來「值錢」，企圖依靠賣掉股票大賺一筆。擁有這樣「賺錢思維」的企業，著實讓人擔憂，後果不堪設想。往好了說，賺到了錢，但是敗壞了企業的名聲；往壞了說，不但賺不到錢，還會讓企業陷入萬劫不復的深淵。

要把企業做成一家「值錢」的企業，企業家必須從「賺錢思維」更新為「值錢思維」。唯有如此，才能邁上資本之路，利用資本的價值體系做大企業市值。順豐創始人王衛就是因為轉變了思維，才把順豐做成一家值錢的企業。

2017年2月，順豐成功上市。當天順豐控股開盤價為267.5元，大漲6.59％，不到上午11時，便封死漲停276.05元，市值為11,550億元。

據我所知，順豐創始人王衛在前幾年與華為一樣，一直不願企業上市，他認為上市就是圈錢。在他的思維裡，他覺得上市後企業就要披露資訊，利潤和股價就會成為所有人關注的重點，不利於商業祕密的保護和策略規劃的制定。這其實就是典型的「賺錢思維」。

隨著時間的推移和激烈的行業競爭，王衛逐漸了解到了資本市場的本來面目，並轉變了自己原來的「賺錢思維」，認為順豐只有變成「值錢企業」才能完成企業轉型更新。

那麼，是什麼原因讓王衛從「賺錢思維」轉到「值錢思維」的呢？研究調查表明，促使王衛思維發生轉變的因素主

Part3 控道—做一家「值錢」的企業

要有以下兩點：

原因一：行業競爭激烈。

從2015年開始，快遞業競爭異常激烈，不同企業相繼借殼上市，力圖藉助資本的力量讓企業轉型更新。行業的競爭是促使王衛思維發生改變的最強的刺激點。

原因二：資本需求。

2013年，順豐獲得了策略投資，出讓25%的股份，用來應對不斷增加的資本擴張需求。

促使王衛思維發生改變的原因也許還有很多，但是總體來說，其主要原因就是以上兩點。毫無疑問，創始人王衛的「值錢思維」，讓順豐透過幾年的迅速發展，成為一家名副其實的「值錢」企業。

王衛的「值錢思維」的轉變，讓他看到了資本市場的前景，沒有局限於眼前利潤的得失，努力打造出了一家值錢的企業。這就是一家值錢企業營運的基本思維。

王衛思維的轉變，為順豐帶來了命運的轉折。如今，順豐早已不是一家單一模式的物流企業，而是涉足快遞、生鮮電商、跨境電商、金融支付、無人機等領域的多元化企業。

王衛透過「值錢思維」，利用資本市場，讓順豐登上了新的高峰。

如何建構「值錢思維」

知道了「值錢思維」的重要性,那麼企業家如何才能建構「值錢思維」呢?在上一章裡,我講到了企業家建構「資本思維」的三個梯度,分別是槓桿思維、市值思維、協同思維。「值錢思維」要求企業家在「資本思維」的基礎上更新,從富人思維、雙贏思維、超前思維這三個梯度來建構值錢思維(圖 7-4)。

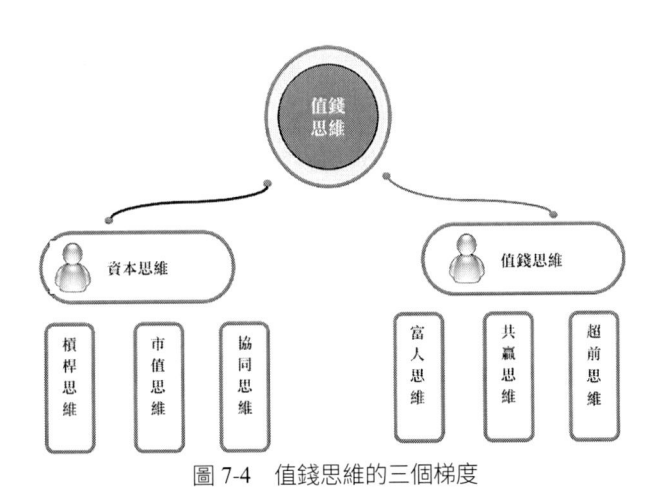

圖 7-4　值錢思維的三個梯度

(1)富人思維

在市場經濟中,有一條萬變不離其宗的鐵律:10%的人在賺錢,90%的人在賠錢。天下人不可能都是富人,也不可能都是窮人。如果你想做那10%的人,就需要轉變觀念,擁有富人的思維。

所謂富人思維，就是和大多數人不一樣的思維。大多數人的思維都有其慣性，猶如羊群一樣，而你要像「狼」一樣，站在食物鏈的最頂端。讓企業值錢，你就得研究值錢的辦法，研究有錢人的思想和行為。

「富人思來年，窮人思眼前」，在羊、狼之間其實僅有一念之差，這是值錢思維的第一個建構梯度。

(2) 雙贏思維

雙贏思維是檢驗一個企業家是否擁有高眼界、大視野的試金石。有雙贏思維的企業家，在為企業制定策略規劃時，不會只思考企業自身的利益，也不會考慮如何將競爭對手置於死地，而是始終想著如何在同行業中尋找增強企業規模實力的策略。

即使阿里巴巴這樣強大的企業，也無法獨占某個市場。企業家的思維若只局限於自己企業的利益，如果行業整體下跌，自家企業仍然難以發展。所以，企業家要擁有雙贏思維，共同將市場這塊蛋糕做大，企業才有可能獲得最大的一份。

雙贏思維的本質在於「利人」。馬雲在把阿里巴巴做成值錢企業之前，先是把網際網路行業這塊蛋糕做大了，繼而才有了如今的阿里巴巴。

(3) 超前思維

超前思維就是指企業家要有對企業、行業和市場未來發展趨勢的判斷力。如今的時代，市場變化很快，如果企業家沒有超前思維，不僅無法引領趨勢，還隨時可能會被後起之秀拍死在沙灘上。

當然，我所說的超前思維並是天馬行空的想像，也不能光憑企業家主觀臆斷，而是建立在企業家的知識結構、經驗、資訊收集、思維水平等基礎上的大膽預測。一旦企業家對未來有超前思維，企業便有了方向。俗話說「不謀萬世者，不足以謀一時。」企業家一定要具有超前思維，才能達到「謀定而後動」的境界。

3. 值錢目標：
你的目標選擇有多高，決定你能爬多高

在我為一些企業做投資的過程中，經常會有人問我這樣的問題：「何老師，既然我的企業要做『值錢』的企業，那是不是說明我不用像傳統企業一樣做策略目標？」

對此，我的回答是，肯定要做策略！

為什麼這樣說呢？

走資本路線，把企業做成「值錢」的企業，固然是一條正確的增加企業規模實力的路徑，但是同對也對企業提出了相

當的要求。一個企業是否真的能夠走向資本市場，成為「值錢」的企業，除了明白「賺錢」和「值錢」的區別，擁有「值錢」思維，還要看企業自身的狀況。如果企業原始的累積還比較有限，或者說自身的經營狀況還沒有形成一個很好的商業模式，有必要進行一個健康經營的調理過程，這種企業，我是不建議盲目走資本化路線的。

這時，你就需要透過策略目標來驅動企業走上資本化路線，以達到「值錢」企業的目的。換句話說，你需要一個更值錢的策略目標。

沒有策略目標的企業就像一艘沒有舵的船一樣，只會在原地轉圈。制定策略目標，任何時候都是增加企業規模實力的一個基本思路，做「值錢」企業也不例外。有策略目標並不一定就能確保企業走向資本化，成為一家值錢的企業，但是沒有策略目標的企業一定不會值錢。

值錢，首先是因為選擇了正確的策略目標

什麼樣的目標選擇決定企業能夠做到什麼樣的高度。

企業對未來發展的選擇，就有登山。不同的高度所需要的裝備、能力完全不同。企業能到達怎樣的高度，前提條件是你選擇要爬多高。

做「值錢」企業的策略目標金字塔邏輯

知道了策略目標對於做「值錢」企業的重要性後,接下來,我們還要知道策略目標背後的邏輯。只知其然,而不知其所以然,企業的策略目標注定無法為「值錢」保駕護航。那麼,企業策略目標背後的邏輯是什麼呢?我舉出一個目標金字塔邏輯,如圖 7-5 所示。

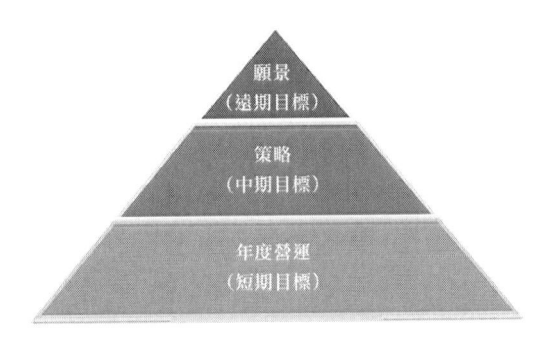

圖 7-5　做值錢企業的策略目標金字塔邏輯

做值錢企業的策略目標金字塔邏輯實際上是告訴大家一個道理:做企業一定要目標清晰,勇於變革,提升競爭力。

首先,企業必須要有遠大的抱負,也就是有一個「值錢」的願景。願景的含義,簡而言之,可理解為長遠的理想目標。個人需要願景,才會有為之奮鬥的動力,企業同樣如此,否則也會失去發展的方向。

如今,我看到大多數企業在自己的網站上、公司簡介上都會闡明其發展的願景,然而相當部分企業僅僅是喊喊口

號。口號只是給別人看的,並不是企業真正的動機。這種喊口號式的願景,喊得再響亮也沒用,對企業的發展起不到什麼實質性作用。

企業家要善於塑造願景,描繪願景,給予人鼓舞。願景塑造應當有別於隨便說說,有別於說假大空話,有別於牆上畫餅。一個沒有願景的企業,即使有短期的成功,終究無法走遠,更別說做成一家「值錢」的企業了。

其次,企業必須有清晰的中期發展規劃作為經營指導。願景是策略制定的前提和基礎。在願景的激勵下,企業還必須制定未來三五年之內可實施的策略目標,因為光有願景遠遠不夠,還必須有切實的行動措施。而中期策略目標規劃就是企業可供執行的行動方案。不同層次的目標也是一個不斷分解和不斷促成的過程,如圖 7-6 所示。

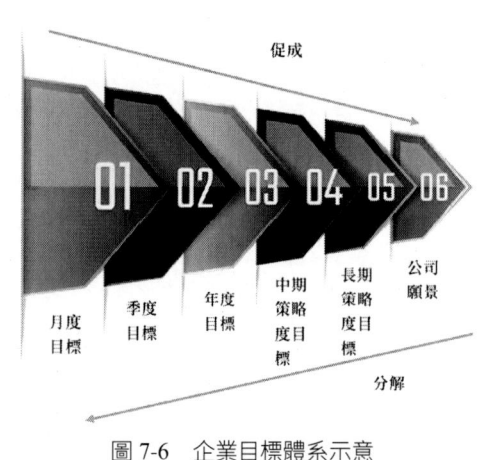

圖 7-6　企業目標體系示意

第七章　更新：先讓企業「值錢」，再讓企業「賺錢」

企業制定的策略目標，要由策略層逐漸向戰術層轉化，逐級分解，目標體系按時間維度、空間維度、要素維度逐漸展開，目標逐漸明晰化、指標化。

有人說：「十億企業規劃 3 年，百億企業規劃 5 年，千億企業規劃 10 年。」這句話不無道理，規模越大的企業，策略目標越要考慮長遠。

最後，在策略目標下，企業還應該每年有更加細緻的年度經營目標與計劃。

對企業的營運管理而言，3～5 年的中期策略規劃相當程度上仍然屬於中觀層面的範疇，還必須再落實到微觀的工作層面上來，即要再將它分解成具體的年度經營目標與計劃，這樣才是真正指導企業「值錢」的經營管理方式。

4. 值錢計劃：
用商業計劃書「敲開」資本的大門

有了值錢的目標，我們還要有具體的計畫，這個計劃就是商業計劃書。商業計劃書猶如資本的「敲門磚」，它不僅反映出企業對行業的理解程度、對市場的把握程度、對企業運作的掌控程度、對企業未來發展策略的規劃，同時也能促使公司總結過去、規劃未來。

在如今這樣一個資本為大的時代，你的企業要找投資人

Part3　控道─做一家「值錢」的企業

融資、要上市、要找新股東、要找經銷商，都需要一份商業計劃書。

直白地說，商業計劃書是企業吸引投資的必備輔助工具，是參與融資的入場券。所以，企業不但不能沒有商業計劃書，而且還要寫得好。

在股權融資的過程中，如何強調商業計劃書的作用都不為過。整體而言，商業計劃書對於企業走向資本，成為「值錢」企業有以下三個方面的作用（圖 7-7）：

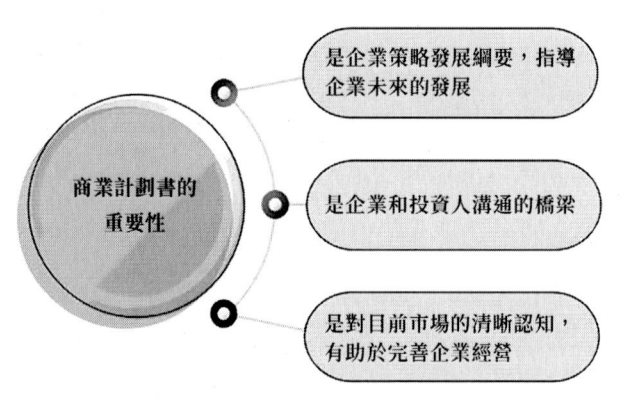

圖 7-7　商業計劃書對企業的重要性

什麼是商業計劃書？

既然商業計劃書對於企業來說如此重要，如果連商業計劃書是什麼都不知道，或者連一份合格的商業計劃書都沒有寫過，豈不是太不專業。

想要拿出一份合格的商業計劃書，我們首先要弄清楚商業計劃書到底是什麼？

如果你覺得商業計劃書不就是做一份精緻一點的 PPT 嘛，那你就大錯特錯了。商業計劃書，簡稱 BP（Business Plan），從宏觀上看，商業計劃書可以理解為企業的經營指南，指引企業未來的發展方向；從內容上來看，商業計劃書是企業對自己的經營模式、公司類型、產品類型、宣傳行銷、財務狀況等做的細緻、詳盡的闡述，要用最精簡、最準確的語言表述出來。

一份合格的商業計劃書的主要內容及寫作要點

企業要想成為「值錢」的企業，先不說把商業計劃書寫得有多「吸睛」，但是你的商業計劃書至少要合格。在這個快節奏的時代，很多企業的創始人都不願花時間和精力寫一份商業計劃書，相反的，他們更想面對面與投資人溝通。殊不知，投資人是一個非常繁忙的群體，如果你沒有一份敲響他「心門」的合格的商業計劃書，98％的投資人是不會跟你見面的。

那麼，企業要如何寫出一份合格的商業計劃書呢？

通常來說，一份合格的商業計劃書包括十個部分（圖7-8）。

Part3 控道—做一家「值錢」的企業

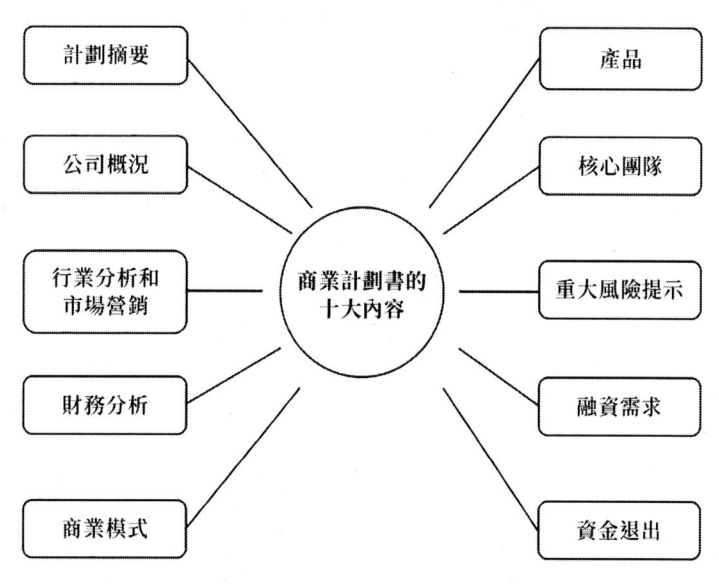

```
計劃摘要 ─┐                    ┌─ 產品
公司概況 ─┤                    ├─ 核心團隊
行業分析和市場營銷 ─┤ 商業計劃書的十大內容 ├─ 重大風險提示
財務分析 ─┤                    ├─ 融資需求
商業模式 ─┘                    └─ 資金退出
```

圖 7-8　一份合格的商業計劃書包含的十個內容

(1)計劃摘要

　　計劃摘要是商業計劃書的開篇部分，是「龍頭」，提綱挈領。在這個部分，企業要概括自身情況，也就是一個粗略的自我介紹，包括公司簡介、主營產品、財務情況、行銷方式、創始人介紹、未來發展規劃等等。

　　可以說，一份商業計劃書的「容貌」完全由計劃摘要決定，「容貌」高的商業計劃書，計劃摘要一定很精采，邏輯清晰，言簡意賅，讓投資人有讀下去的欲望。通常來說，計劃摘要占據 1～2 頁的篇幅即可。

你千萬不要小看這 1～2 頁篇幅，走向資本，成為「值錢」企業第一步的成敗在此一舉。撰寫者一定要分清主次，根據企業的具體狀況來寫。比如在創業初期，企業的盈利模式、商業模式還不是很清晰，這部分就可以簡單介紹，但是你有一個實力強勁的團隊，這部分就可以著重介紹。

在這部分裡，企業家有什麼好的想法或夢想，須闡述明白。也就是說，不但要有想法，還要有實現夢想的方法，否則投資人就沒有感覺。要達到這個效果，寫作計劃摘要時就要重點突出，這也是投資人最關心的內容，如圖 7-9 所示。

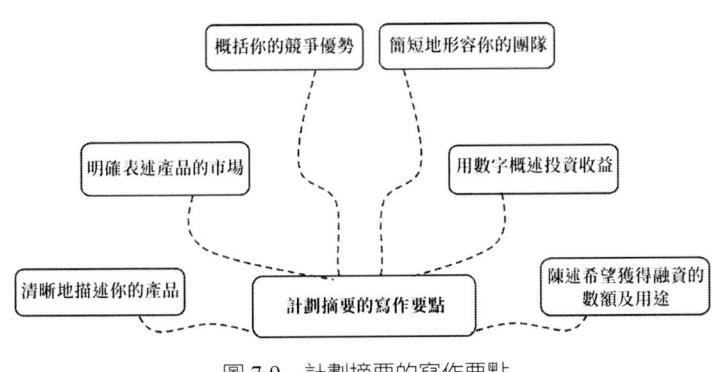

圖 7-9　計劃摘要的寫作要點

(2) 企業概況

這部分主要介紹企業，包括企業名稱、地址、企業性質、註冊資本多少、創始人介紹、團隊成員分工等等。企業基本簡介部分可以參照表 7-2 組織語言。

Part3　控道—做一家「值錢」的企業

表 7-2　企業基本簡介

基本資訊	具體內容
公司註冊地	
註冊資本	
企業類型	
公司成立時間	
法定代表人	
主營產品或服務	
主營行業	
經營模式	
聯繫人	
電話	

　　有一點需要注意的是，在這部分的撰寫裡，要重點說明企業股東和控股結構。如果你在這部分的敘述模稜兩可，很難獲得投資人的信任。把股權結構介紹清楚，可以提高自己的可信度，吸引更多投資人的關注，提高股權融資成功的機率。在企業簡介之後，可以以表格形式闡述目前本企業的股權結構，如表 7-3 所示。

表 7-3　企業主要股東及控股結構

股東名稱	出資額	出資形式	股份比例	聯繫人	聯繫電話

(3) 行業分析和市場行銷

這部分主要是描述企業所在行業的基本情況，並且分析本企業在行業中所處的地位。可以對比自己和同類型企業，著重突出本企業的優勢。

在做對比時，我們常用到 SWOT 優劣勢分析法介紹本企業在這個行業裡有哪些優勢、哪些不足，未來發展前景如何，會有哪些機遇，會面臨哪些威脅。而且要讓投資人充分相信你的實力足以對抗那些威脅。

市場行銷部分主要闡述企業發展目標是什麼，以及為了達到這個目標如何行銷，比如開拓市場的方法，吸引目標客

戶群的方法等等。

市場行銷策略應該包含以下幾個內容：如何建立行銷管道和行銷網，如何進行廣告宣傳和促銷，如何建構行銷機構和行銷隊伍，如何處理市場行銷中的突發事件，如何制定價格策略等等。

(4)財務分析

財務分析是商業計劃書的關鍵部分，這部分主要是說明企業的實際財務狀況，比如啟動資金來源、資產負債情況、預期收入等等。投資人應該透過這部分的閱讀，對企業的經濟狀況有清晰的了解。

在撰寫財務分析部分時，最好能尋求專業人士的幫助。因為在這個模組，要呈現出最真實的財務資料，不能造假。在現實中，很多企業企圖在這部分誇大其詞或者矇混過關，最後都被資本拒之門外。

就融資額來說，很多企業覺得越多越好，但是專業的投資人一眼就能看出來這個資料的合理性。並且投資額並非越大越好，如果造成資金過剩或者使用不當，企業還要承擔一系列後果，得不償失。

因此，在財務分析模組，一定要實事求是、態度誠懇，這樣才能得到投資人的信任。在文字上，盡量用通俗、精練的語言敘述，多用圖表搭配闡述。涉及數字的部分尤其要注

意合理性，比如股權比例加起來是不是 100% 等。

商業計劃書雖然是面對投資人的公開檔案，但是也要注意對商業機密的保護，尤其是財務部分，在投遞一些比較小的投資機構時，可以把財務部分單提出來，並且註明「如需要詳細財務資料，請致電索取」。

財務分析不僅難在財報的製作，前期財務工作的預測更複雜。具體有以下三個流程（圖 7-10）：

1. 收集相關財務資料
2. 根據資料對涉及財務報表的重要會計科目做預測
3. 根據財務預測編制各種財務報表

圖 7-10　編制財務計劃的流程

在預測財務時，一定要注意方法，投資人關心具體數字，更關心這些數字是否正確。商業計劃書中的預測很有可能和投資人的預測有出入，這是正常的。但是切忌出現常識性錯誤和盲目樂觀，謊報瞞報更是不行。

在做具體編制時，一定要以資料為基礎，由專業人員負責，在編制財報和說明財務狀況時，這三份報表不能漏掉——資產負債表、損益表、現金流量表。精明的投資人非

常關心損益表中開發和行銷的部分,現金流量表也是投資人著重研究的內容。

這三份表應該按照正規的要求編制,方便投資人閱讀。為了把財務狀況表達得更詳細,在計劃書中應該預測未來 5 年的財務狀況,其中第一年最好按月編制,接下來 4 年可以根據季度或其他標準編制。

(5)商業模式

在這部分,可以用兩三頁的 PPT 闡述如何具體實現自己的商業模式,比如產品如何研發、如何生產、如何行銷,消費市場有多大等等。

簡單來說,這個部分就是介紹專案的實施過程,以及最後要達成的效果。在向投資人闡述產品市場有多大時,一定要用具體的資料來說明。有一些企業提到自己的產品就陷入一種盲目的自戀中,覺得自己的產品一定很有市場,因此用華麗的辭藻激情四射地闡述,其實對投資人並沒有說服力。

在撰寫這部分時,我建議企業站在消費者的立場上看問題,向投資人展示具體的市場調研資料。

(6)產品

在介紹企業產品時,要著重強調產品的價值,比如產品能為消費者帶來哪些好處,為什麼你的產品比同類型產品更

有競爭力，你的產品符合哪些消費者價值觀等等，簡練的語言加以直觀的產品配圖，效果會更好。

(7) 核心團隊

投資人在看一家企業否值得投資時，是以「人」為本的，特別是核心管理層的人，這些人的個人能力直接關係到企業未來的發展。因此在商業計劃書中，要細緻地闡述管理團隊的狀況，比如管理理念、股權結構、管理結構、董事會構成等，主要突出團隊之間的凝聚力以及團隊的能力，讓投資人留下深刻的印象。

團隊介紹可以從兩個方面入手：一是核心管理層的介紹，二是團隊主要成員的背景介紹。比如，某位高管畢業於名校，在知名企業就職過，有多年從業經驗等等。

特別是股權結構部分，應該如實反映情況，避免為將來的談判造成不必要的麻煩。通常來說，大股東突出、創業合夥人持有股份、創業員工持有（或將持有）期權的股權結構更容易得到投資人的青睞。

(8) 重大風險提示

商業計劃書中不僅要向投資人說明企業未來的發展前景，更要說明企業在發展過程中可能存在的風險，並且具體闡述自己的危機處理方式，向投資人表明，自己是有能力應對將來的危機的，把投資人的風險降到最低。

(9) 融資需求

簡單來說，這個部分就是告訴投資人你要多少錢。理解簡單，可是具體闡述起來卻不簡單，這個部分要包括資金需求、稀釋股份比例、資金使用規劃等內容。

如果是出售普通股份，那麼計劃書中應該說明股票的類型、需不需要分紅、分紅能不能累積、股份能不能贖回、股份價格、是否具有投票權等等。

如果是出售優先股，那麼計劃書中應該說明股權透過什麼方式支付、有沒有回購計劃、能不能按照普通股轉換、優先股股東權利等等。

(10) 資金退出

如果投資效果不盡如人意，投資人會收回投資；就算投資效果好，投資人也不願意長期擁有產權，也會撤出投資。因為資本是流動的，投資人要讓資本循環起來，才能讓資本收益最大化。

如果當一家企業發展不夠成熟，或者發展達不到預期目標時，投資人還能把投入的資金由股權轉化為資本，降低自己的財產風險，他們才更有可能把錢投到一家陌生的企業。因此，一個流暢的資金退出體制，也能為公司獲得不少投資人的好感。

第七章　更新：先讓企業「值錢」，再讓企業「賺錢」

一般來說，投資人資金退出主要有以下五種方式（圖 7-11）：

商業計劃書內容的完整性及寫作的規範性直接影響到投資人對專案的感性接受程度和理性判斷過程。當然，由於企業性質及類型上的不同，商業計劃書的內容和寫作格式肯定會存在一定的差異。但是萬變不離其宗，以上十個內容是一個典型的商業計劃書的內容及寫作要點，企業可以根據自己企業的具體情況靈活運用。

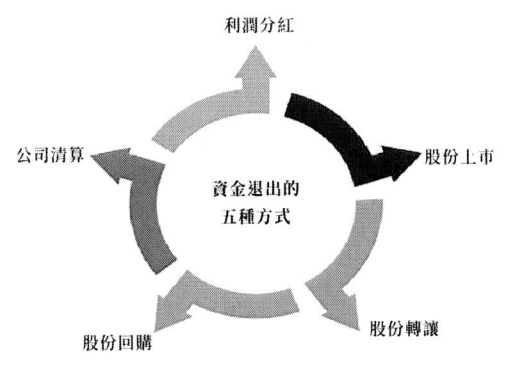

圖 7-11　投資人資金退出的五種方式

如何做一份在 5 分鐘內打動投資人的 BP

一份商業計劃書，也許你花了 5 個月的時間來完成，可投資人 5 分鐘就看完了，並且已經在心裡決定要不要投資你的公司。如果你的商業計劃書不能在 5 分鐘之內吸引投資人的目光，基本意味著你這次融資將以失敗告終。

Part3 控道—做一家「值錢」的企業

身為一個有著多年投資經驗的投資人，這幾年，我見過形形色色的創始人。總體來看，創始人不是把商業計劃書做得太簡單，連基本的融資專案都沒有說清楚，就是太注重形式，把商業計劃書做得花裡胡哨。很少有創始人能夠站在投資人的角度思索商業計劃書的寫法和內在邏輯。

下面，我將以自身從業經歷來講一下小公司如何做一份在 5 分鐘之內打動投資人的 BP。

說服投資人掏錢，寫好 BP 有以下十個重點：

① 一句話說明公司的業務定位，讓投資人一開始就知道你是做什麼的。

② 描述客戶的切膚之痛，一定要有痛點。

③ 如何解決客戶的痛點。

④ 為什麼是現在這個時機點（視窗期）。

⑤ 用多種方法測算市場規模，投資人特別看重這個市場規模有多大（天花板要足夠高）。

⑥ 列出現有的和潛在的對手。

⑦ 寫清產品或服務的投入與競爭優勢。

⑧ 建構讓人信服的商業模式。

⑨ 搭建強大的團隊。

⑩ 不要出現不合理的股權結構。

著名投資人曾經說：「我們喜歡那些用最少的文字傳達最多資訊的商業計劃書，用 20～30 頁的 PPT 表達就可以了。」所以，企業在寫好商業計劃書後，要回過頭來仔細修改正文，刪掉不是特別必要的部分，可以把一些詳細資料放在附錄裡。

5. 值錢團隊：合心、合力、合拍

微軟創始人比爾蓋茲曾經說過這樣一句話：「如果沒有了這支團隊，微軟將會變得一文不值！」

一個「值錢」的企業，除了需要一個具有「值錢」思維的領導者、一個「值錢」的策略目標，還需要一個「值錢」的團隊。團隊的力量，是企業「值錢」的保障，沒有團隊，企業可能一件事都辦不成。對於企業來說，什麼最重要？第一是團隊，第二是團隊，第三還是團隊。團隊是「值錢」的核心。

那麼，「值錢」的團隊應該具備什麼樣的行為標準？「值錢」團隊的構成要素有哪些？搞清這兩個關鍵問題，對企業而言，建構自己的「值錢」團隊也就有了清晰的方向和答案。

什麼是「值錢」的團隊

事實上，每個人都會從不同的角度給出自己的答案。對這個問題，我也曾思索良久卻一直不得其要領。2017 年 3 月，我在為一家企業提供投資服務時，在這家企業的老闆辦

公室看到一幅字,頓時心領神會:這不就是「值錢」團隊的行為標準嗎?這幅字是「合心、合力、合拍」。我對這六個字的詮釋如圖 7-12。

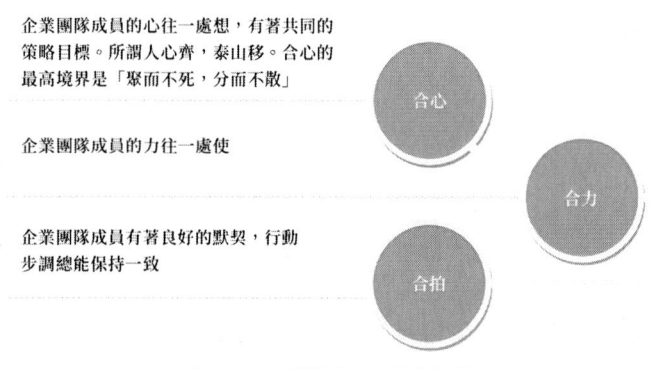

企業團隊成員的心往一處想,有著共同的策略目標。所謂人心齊,泰山移。合心的最高境界是「聚而不死,分而不散」

企業團隊成員的力往一處使

企業團隊成員有著良好的默契,行動步調總能保持一致

圖 7-12　「值錢」團隊的標準

團隊成員合心,進而產生合力,最後達到合拍的效果,這就是「值錢」團隊的標準。

如何打造一支「值錢」的團隊

知道了什麼是「值錢」的團隊,那麼,企業應該如何打造一支「值錢」的團隊呢?針對上面「值錢」團隊的行為標準,我建議按如下四個方面推進:

(1) 用美好的企業願景吸引值錢的人

先來看看那些「值錢」企業的願景都是什麼?微軟的企業願景是:想讓全世界每張桌子上都有臺電腦,最後成為世界

軟體霸主；迪士尼的企業願景是：想為全世界帶來歡樂和美好，最後迪士尼在全球建立了夢幻樂園，成為世界頭號娛樂帝國……這些願景讓企業歷經磨難不退縮，最終聞名世界，這就是願景的力量。

說到這裡，很多企業家可能會嗤之以鼻地說：「只要我有錢，還怕找不到值錢的人？」錢確實能吸引一部分人才，但是要想找到一個與你一起把企業做成值錢企業的人，並不是光靠錢就行的。

「值錢」的人之所以「值錢」，是因為他身上具備無價的思維，因此他們絕對不會見錢眼開，他們選擇一家企業，是因為三觀一致，被企業的願景所吸引。

在未來，最重要的競爭就是人才的競爭，高薪也許能留住人才一時，但是企業和個人高度統一的靈魂才能永遠留住寶貴的人才。

(2) 建立清晰的團隊層次

大家平時所說的「團隊」是一個很廣泛的概念，只要是兩人及以上為某個共同目標而組合，即可稱為團隊。嚴格地說，這樣的說法並不是很貼切。為了「有的放矢」地推進企業的團隊建設，實際運作中應該根據公司的組織架構進行團隊的分級，即將團隊按一定職能層級劃分為「領導團隊」、「管理團隊」和「工作團隊」。

所謂領導團隊，指企業的高管所組成的團隊，如董事長、總裁、副總裁、部門總監等；管理團隊指企業各職能中層幹部所組成的團隊，如各部門經理、主管等；工作團隊指一線員工所組成的工作小組（圖7-13）。

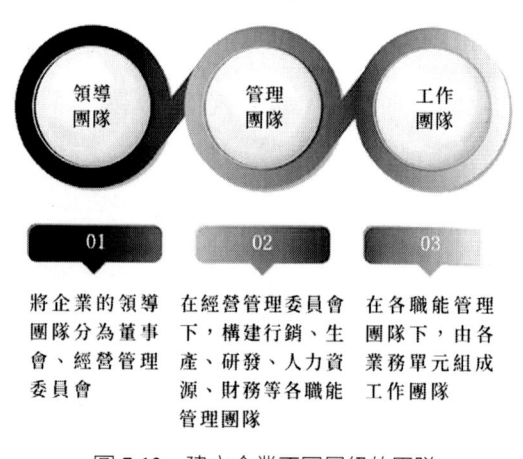

領導團隊	管理團隊	工作團隊
01	02	03
將企業的領導團隊分為董事會、經營管理委員會	在經營管理委員會下，構建行銷、生產、研發、人力資源、財務等各職能管理團隊	在各職能管理團隊下，由各業務單元組成工作團隊

圖7-13　建立企業不同層級的團隊

公司的領導團隊成員數會由於公司規模大小、業務及組織結構的複雜程度而不同。例如阿里巴巴、IBM這樣的全球巨型企業，其領導團隊成員可能有二三十人之多。但是無論如何，一般而言，真正的領導團隊成員數是不會太多的。

(3) 盤點你的團隊

要打造一支「值錢」的團隊，必須基於策略的要求來盤點公司的團隊，尤其是領導團隊。那麼，到底怎麼來盤點公司的團隊呢？見表7-5。

表 7-5　團隊盤點問題清單

團隊盤點問題清單	是	否
團隊是否有明確的願景？團隊成員是否認同這個目標？		
團隊是否有 3～5 年中期經營的目標及措施？		
團隊成員是否對企業的目標完成表現出強烈的使命感和責任感？		
團隊成員是否強烈地關注外部環境的變化？		
團隊成員之間工作上是否相互信任？		
團隊成員遇到問題時，相互之間是否能夠主動協調配合？		
團隊成員之間是否已經形成明確的職責分工？		
……		

(4) 有效的股權激勵

企業家想把「值錢的人」牢牢拴在自己身邊，發揮他們的最大潛力，除了夢想鼓舞和授權管理外，不妨有效地股權激勵他們。

如今，大多數企業都開始在內部建立股權激勵制度，這是一種針對員工長期有效的激勵機制。在一定條件下，企業透過股權激勵人才，使其與企業結成利益共同體，從而實現企業的長期目標。

總結而言，一個「值錢」團隊應當在「合心、合力、合拍」這三個方面都有很突出的表現。圍繞著該三個方面努力，「值錢」的團隊也就不難形成。

6. 值錢產品：好產品，才有好未來

在這個風雲際會的偉大時代，產品是不變的際遇。

身處資本時代，對於4P（產品、價格、管道、促銷）理論，大多數企業或是在擴大管道，或是在降低價格，又或是在大搞促銷，唯有將產品放在最後。對此，企業的解釋是，因為產品同質化嚴重，要把同樣的產品賣出不同的成果來，唯有在價格、管道、促銷上面下功夫。

對於這樣的解釋，我是非常不認可的。

要成為「值錢」的企業，你就必須具有行業領先的競爭力，而要具有行業領先的競爭力，所必需的重要條件之一就是產品。因此我們可以說，企業對產品的重視程度決定了其競爭力的高低。

身處資本時代，如果你依然在賣人家的產品，那麼你只能是一個產品的搬運工。隨著新零售的到來，各大企業都在物流、產品品質、使用者體驗等方面做改進。

但是如果你有自己的好產品，那就不一樣了。小米就是很好的榜樣。

第七章　更新：先讓企業「值錢」，再讓企業「賺錢」

很多人認為小米的成功是源於成功的行銷手段，比如粉絲行銷、飢餓行銷等。這其實是對小米最大的一個誤解。小米最大的成功源於爆品──小米手機。要做出爆品，最核心還是小米的產品研發和技術研發。

小米自成立以來，在產品的技術創新上投入了大量的金錢和人力。這些資源的投入讓小米做出了好的產品──小米手機，也由此成為爆品。小米之所以能成為值錢的企業，能受到資本的青睞，其根本在於產品的極致，而非行銷手段。相信每一個投資人或投資機構都不是傻子，不會投資一個虛於表面的企業。

小米的產品研發週期很長，據官網獲悉，一部手機的研發時間為 12～18 個月。從處理器、螢幕、相機、功能調節等，每一個工藝都是由小米的技術研發團隊共同參與完成的。為了實現產品創新，小米甚至重磅投入元裝置領域。比如，小米曾在小米 5 上花了整整兩年的心血反覆試機，比蘋果投入的年度研發經費還要多出 10 億美元。

行業的競爭最終都會回歸到產品本身，而小米的核心競爭力正是好產品。2017 年 3 月，小米推出自研晶片「澎湃 S1」，並表示將繼續在晶片研發上加大投入。將「值錢」的錢投入到「值錢」的產品上，「值錢」的產品讓小米成為一家「值錢」的企業，這就是小米「值錢」的奧祕所在。

事實上，不僅僅是小米，任何一家值錢的企業最終一定

Part3　控道─做一家「值錢」的企業

是從做好一個產品開始的。所以,要成為一家值錢的企業,唯有做好產品。只有擁有好產品,才擁有好未來。

產品好,一切都好。所有的行銷、使用者體驗、場景銷售都需要有好產品才能完美收官。不然,你的思維格局再大、目標再遠、團隊再強、創意再出彩,都只能換來一場空。

如何打造好產品

既然好產品對值錢企業如此重要,那麼企業該如何打造好產品呢?下面關於打造好產品的策略是根據我歷經多年親身體驗、觀察、思考(圖 7-14)總結出來的。重要的是,這個總結不僅僅適用於當下,在未來,這些觀點和方法對企業打造好產品仍然有著重要意義。

企業打造好產品的五大策略

- 地獄般的錘煉是誕生偉大產品的基礎
- 忘掉盈利、商業模式、KPI……,專注於產品本身
- 真正的好產品,是讓用戶有極致體驗的產品
- 好產品擁有的是未來,不是現在
- 老闆親自來抓產品

圖 7-14　企業打造好產品的五大策略

第七章　更新：先讓企業「值錢」，再讓企業「賺錢」

(1) 地獄般的錘鍊，是誕生偉大產品的基礎

我們來看看華為。任正非創立華為時已43歲。他曾經對記者說：「像我這種人，既不懂技術，也不懂商業交易，想要生存是很困難的，很邊緣化的。」然而，這個生存困難的人，在做電信終端時，幾乎從沒睡過一個好覺，每天與創始團隊討論產品到凌晨。正是因為經過地獄般的錘鍊，才有了如今的華為，值錢的華為。

這樣的案例還有很多，不勝列舉。透過這些案例，我們可以清晰地知道，一個好產品的出現，要經過痛苦的千錘百鍊的過程。不經歷風雨，怎能見到彩虹，只有歷經磨練，產品才能更強大，才能具有競爭力。

(2) 忘掉利潤、商業模式、KPI……專注產品本身

企業要打造出好產品，就要忘掉利潤、商業模式、KPI等，摒棄功利，專注產品本身。

如果企業在打造產品時，一開始就思考這款產品能為自己帶來多大的利潤，那麼打造出來的產品必定是「目的性」產品，它還沒出生就被盈利、KPI所綁架，未來的競爭力也注定不會強大到哪裡去。

只有專注產品本身，匠心打造，方能真正打造出好產品。

(3) 真正的好產品，是讓使用者有極致體驗的產品

毋庸置疑，這是一個體驗至死的時代。真正的好產品，也應該是讓使用者有極致體驗的產品。那麼，什麼樣的產品才能讓使用者產生極致體驗呢？

讓使用者產生極致體驗的產品依賴的是企業對消費需求、消費行為、消費心理、未來消費趨勢的判斷和理解。一款好產品不需先讓消費者滿意，而先要讓自己滿意。

在我為企業做投資諮詢的過程中，經常會遇到企業做出一款連自己都不滿意的產品，卻還妄圖透過品牌累積、行銷方式讓產品成為爆品。對於這樣的做法，我勸他還是趁早放棄。因為，如今的消費者越來越挑剔，沒有好的體驗的產品是沒有人願意買單的。

(4) 好產品擁有的是未來，不是現在

縱觀現在的好產品，每一個在剛出生時，無不受到「嫌棄」。但是如果站在未來的維度去看，每一個產品無不是一個珍寶。

所以，一個好產品擁有的是未來，不是現在。企業在打造好產品時，一定要有足夠的耐心，時間是檢驗產品好壞的唯一標準。

第七章　更新：先讓企業「值錢」，再讓企業「賺錢」

老闆親自來抓產品

很多企業家都在抓策略、抓頂層設計、抓團隊，但是唯獨沒有抓產品。這是一個錯誤的做法。

事實上，只要你稍稍留意一下就會發現，那些值錢企業的大老闆，都是在親自抓產品。賈伯斯自創立蘋果開始，就一直把精力用在抓產品上；Google的創始人一頭紮在實驗室裡研發新產品等。

為什麼這些老闆要抓產品？這是因為老闆關注什麼，企業的策略就是什麼。企業老闆不僅要抓產品，還要懂得養「技術瘋子」，這樣研究出來的產品才會是「想不到」的極致產品。

作為一個企業家，要以增加企業規模實力為目的，在資本思維的前提下，再進一步建構「值錢思維」，把企業做成一個「值錢」的企業。

當然，不可否認的是，如今有很多企業以賺錢為目的，一直在野蠻生長。如今雖然市場競爭激烈，但是如果企業站在風口，勇於創新，也能賺錢。人都是有信念和夢想的，如果你的企業一直以賺錢為目的，那麼你的企業只不過就是為你賺錢的工具而已。這樣的企業是不可能基業長青的，一旦遇上危機就會瞬間崩塌。

所以，企業家想讓自己的企業有價值、自己有價值，那麼，從現在開始，轉變思維，先讓企業「值錢」，再讓企業「賺錢」。

第八章　跨越：
做大市值並非只有上市這一條路可走

導讀

　　一個企業與資本市場共舞的新時代突然到來了。「估值看淨資產，考核看淨資產，融資貸款參照淨資產」的傳統評估方式開始謝幕，每一個企業和它的經營者，都在用市場的標準重新估量自己當前和未來的價值。

　　企業家們多了一個掛在嘴邊的新詞「市值」，市值已經成為企業家個人財富重要的組成部分。毫無疑問，這是一個新的時代。資本市場與實體經濟的邊界被打破，誰理解不了市值背後的意義，誰就將輸掉下一輪商業競賽。

　　如今一說到市值，大多數人的第一反應就是上市。事實上，做大市值並非只有上市這一條路可走。透過做爆品、投爆品、資源整合、併購，企業同樣可以做大市值。

第八章　跨越：做大市值並非只有上市這一條路可走

1. 觀點分析：不是所有的企業都適合上市

越來越多的企業相信，只要自己的企業能夠上市，鉅額財富便唾手可得。以至於到如今，只要說到要做一家「值錢」的企業，大家首先想到的就是上市。

儘管企業上市確實能透過發行股票、公開募股的方式做大市值，但是所謂條條大路通羅馬，做大市值並非只有上市這一條路可走，也不是所有的企業都適合上市。

說起外出旅遊下飯神器，一瓶老乾媽妥妥搞定各種場合。不僅如此，在國外，提起老乾媽，影響力已和歷史悠久的「茶葉蛋」處於同個水平。不得不承認，這樣的老乾媽「身價」已是不菲，然而，它沒有上市，並且也不準備上市。

自從某個企業選擇赴美上市至今，走過十多個年頭，企業增值不少，可是該集團創始人卻後悔當初上市的選擇。

他說：「上市帶了一個好頭，也帶了一個壞頭。就像你娶了一個你完全把控不住的女人一樣，很難受，你又愛她，但是她又不聽你的話。」

上市讓該企業在一瞬間從對內的關注轉向了對外的焦慮，從關心客戶的感受轉向了關注股市的動態，從關注品質轉變為關心數據的增長……這些轉變正逐漸吞噬企業的價值體系、模糊企業的方向。上市就要對股東負責，就要追求規模和利潤增長。而擴張之後的品質如何保證？

由此可見，上市不是唯一的出路，而且就算要上市，企業本身適不適合，也是首先要考慮的問題。

企業創始人對於企業的認知，決定了其定位，而其定位又直接影響企業發展的規畫，彼之蜜糖我之砒霜，上市對於不同的企業呈現出不一樣的作用，追求公開透明的短期財富獲得，上市是明智之選，若資料保密等因素會在相當程度上影響企業收益，那追求上市就應該權衡利弊。

同時，上市之後，企業就不單純再是創始人的企業，它還將是其他股東、董事的企業，一個和尚挑水喝，兩個和尚抬水喝，三個和尚沒水喝的日子猜想就不遠了。

上市可能會讓企業建立者失去企業主導權和決策權，決策進展和人數增多可能帶來時間浪費和機遇錯失。上市與否，需要各位企業家慎重思考，結合企業實際，做出明智選擇。

那麼，應該如何判斷自己的企業是否可以透過上市來做大市值呢？

上市論證，你的企業夠標準嗎

要知道自己的企業是否可以透過上市來做大市值，首先要看自己的企業是否符合上市的標準。雖然上市有巨大的收益，但是如果企業並不符合上市標準，或者沒有上市的需

第八章　跨越：做大市值並非只有上市這一條路可走

求，那麼也不應該選擇上市。

上市可以使企業做大市值，其門檻必然不低，較高的準入資格雖然可以透過突擊攻破，但是要長期堅守在上市企業戰線，對企業自身素質的要求還是很高的。儘管上市帶來的巨大收益誘惑讓很多企業願意放膽一試，但是如果企業並不符合上市標準，或者沒有上市的需求，強行躋身上市企業行列，後期管理壓力也是不小的。

上市之初，企業家更看重高額融資，其解決資金壓力的效果立竿見影，但是如果企業治理不夠規範、營運不夠標準而跟不上上市之後的節奏，管理壓力則會應運而生。在公開透明的環境下還要按照制度規章一板一眼做事，很多不夠標準的企業很快就會在「上市」的高標準碾壓下現出原形，更甚者可能會灰飛煙滅。

由此可見，上市可以為企業帶來短期的巨大收益，還可以為企業帶來嚴酷的競爭考驗。上市伊始，各準上市企業就會面對各種準入標準的一一洗禮，通得過恭喜晉級，通不過殘忍被淘汰。

上市之後，一切高標準都將一如既往地「高」下去，經得住百打千磨還要屹立不倒，否則經歷各番利益、責任、義務和風險的磨礪，稍有偏差，便難逃被摘牌和退市的悲慘結局。

Part3 控道─做一家「值錢」的企業

因此,企業家需正視上市,同時明白上市論證不是走過場,上市論證的目的是全面分析企業是否能夠透過發行股票來實現融資。論證失敗,也只是代表企業不適合透過上市的途徑來融資,但是透過其他方法仍然可以實現融資的目的。融資方式還有很多可以選擇,比如專案融資、風險投資、貸款融資、私募基金的定向融資、發行企業債券等。

上市論證在為企業指明融資方向上來說,是有益的。同時因為論證的目標明確,不僅能夠為企業上市準確應對環境,並選擇準確的時間,還可以根據企業長遠發展來設定論證過程,這樣的論證,無論結果如何,都是有利於企業的。

目前對於核準企業上市的論證,主要從企業內部和外部兩方面進行。

企業內、外部論證主要包括以下內容(圖 8-1):

```
┌─────────────┐         ┌─────────────┐
│   內部論證   │         │   外部論證   │
└──────┬──────┘         └──────┬──────┘
       │                        │
       ├─ 對企業自身             └─ 接受企業以外的
       │  品質的論證                相關部門評估
       │                           審核
       └─ 對上市時機
          成熟度的論證
```

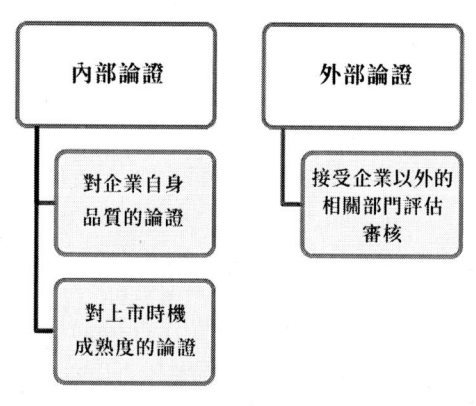

圖 8-1 企業上市的兩大論證內容

第八章　跨越：做大市值並非只有上市這一條路可走

首先是對於企業內部的論證。實際上，對於企業的內部論證，是一個自身論證的過程，也就是說先由企業對自己可否上市做基礎因素的論證分析。這個過程也是使企業家進一步了解企業的過程，清晰地了解可以為下一步判斷上市與否提供更理性的決策依據。

對企業自身品質的論證主要有以下專案：企業對所處行業的整體評價，對自身產品、技術、管理、財務的內部評價。而對所處行業的評價包括行業的增速、容量、集中和壁壘情況；產品評價包括產品競爭優勢、市場占有率、對價格的影響力、對供應商的談判力、開發生產週期；技術評價包括核心技術的所有權歸屬、先進性、研發能力；管理評價包括企業管理層的素質和能力，管理層之前的工作業績和威信，管理層領導下的採購、行銷和激勵體系；財務評價包括企業毛利率和淨收益率、營業利潤的比例、現金流管理水平、主營收入的增長和淨利潤的增長速度。

企業一旦決定上市，領導層需要對企業做上市時機成熟度的內部論證。論證包括市場、行業和政策環境是否完全有利於企業上市；企業的內部架構、資產的管理等是否規範；股權結構和業務結構是否已經搭建完善；實際控制時限是否已經滿足了要求；各種核查是否已經通過等。

實際上，企業可以事先和上市仲介及保薦機構溝通，以便了解上市申報時機是否成熟，如果不成熟，也可以儘早制

定解決方案，從而保證做好內部論證。

內部論證完成後，就是外部論證了。

(2)外部論證

外部論證需要接受企業以外的相關部門評估稽核。相關部門與選擇上市地點也存在莫大關係，若選擇國內上市，稽核部門及內容包括證監會的預審和之後發審會的稽核。一般情況下預審透過率較低，若預審能夠順利透過，釋出會的稽核勝算較大。當最終透過稽核，企業就可以正式上市了。

其實在企業做上市論證的時候，企業家就要開始重點把握評估的各方面工作。在內部評估時，應該更多關注企業自身品質是否足夠高，因為其他方面可以透過人財物的投入彌補和調整；而在外部評估時，領導層應積極與評審部門溝通，如實向證監會彙報企業情況，積極執行回饋意見，將稽核工作要求落實落細。

上市論證不僅僅是對上市公司的一項考驗，也是對企業家多方思考、科學決策能力的一次檢驗，論證的過程也是領導層進一步了解企業的過程，因此不管最終能否上市，論證對於企業長期發展來說，都具有積極的意義。

2. 案例解析：華為市值兆，為何拒絕上市

儘管很多創業者將上市作為終極夢想，但是仍然有很多業內佼佼者並不把上市當一回事，比如華為。

如果上市，華為市值恐怕不會低於 5000 億美元。然而它對上市並不來電。

就像任正非所說，他理解的上市無非是資本圈錢遊戲，如果要華為淪為賺錢的機器，這將違背華為的企業理念。華為真正需要的不是資本，技術與客戶才是華為持續走向成功的根本。

華為成立至今，正是因為一直清醒地明白自己所需，才能一路抵制住資本力量的誘惑，保持初心，做出真正是客戶所需的產品。在任正非看來，不上市，華為才有可能稱霸世界。

由此可見，不上市，也可以成為霸主，只要你有足夠的定力、充裕的資金、完善的管理、獨特的遠見。就像是我們所見到的華為一樣——不上市，也可以做大市值。

我認為，華為之所以堅持不上市，主要源於以下五大原因（見圖 8-2）：

Part3 控道—做一家「值錢」的企業

01 不差錢

02 其他融資方式更合算

03 內部股權並非真正障礙

04 管理有「奇招」，無須上市來規範

05 水能載舟，亦能覆舟

圖 8-2　華為拒絕上市的五大原因

(1) 不差錢

很多上市痴迷者，看重上市最重要的一點，就是上市可以短期帶來巨大資金收益，有效緩解資金壓力，缺錢是很多企業面臨的最直接、迫切的問題，然而，華為卻對此不屑一顧。有雄厚的資金底氣，華為斷不會因為上市的短期收益而選擇上市。

(2) 其他融資方式更合算

上市，說到底也是融資手段的一種，企業透過上市，整合資源獲取融資，是一種效果顯著又快捷的方式，然而上市的融資效果並不是對每個企業來說都最大的。

華為在多處建設了高等級的辦公樓和生產設施,因而在各地形成了龐大的房地產資產。強大的房地產支撐,再加上華為的巨大利潤和盈利收入,使華為成為各大銀行爭相搶奪的「特別優質」客戶。其他企業想要銀行貸款,困難重重,可是華為卻有銀行找上門來,主動提供低到不能再低的利息的貸款,擁有這樣的低成本融資手段,又何須透過麻煩的上市來解決問題。

(3)內部股權並非真正障礙

　　上市就要面臨股權劃分,華為的內部持股制度一直以來頗具爭議,華為股權複雜、產權不夠明晰,被很多人認為是上市的重要阻礙,然而如果華為下定決心要上市,只是股權問題,並非無法克服。股權改造和重組,或者直接把產品線一個個拆分上市,都可以有效解決這個問題,因此,華為股權問題並不是華為不上市的阻礙。歸根結柢,不想上市,才是華為不上市的主要原因。

(4)管理有「奇招」,無須上市來規範

　　上市除了融資以外,還有一個好處,就是能夠更加規範企業的管理。不少專家勸說華為上市,因為上市解決資金問題的同時,還可以優化企業管理體系。然而,華為透過自身努力,目前的管理基本實現了國際化和規範化,已經可以無障礙和國際慣例對接的華為,沒有必要為了更優化的管理體系來上市,因為華為的管理已經足夠優化。

(5)水能載舟，亦能覆舟

對於上市企業來說，各種規範透明的管理進程可以提升企業管理水平，同時也存在一定隱患，受到上市透明化規範化的制約，不得不按期公布各種資料，導致其內容趕不上未上市的競爭對手，無形中在商業競爭中處於被動地位。

大概是看到上市對於企業的制約性，作為民營企業的華為，在目前營運形式下，各種機制都比較靈活，能夠迅速地捕捉市場機會，從而迅速調集資源並作出回饋，這些都是華為在國內外市場競爭中獲勝的關鍵因素。如果上市，按照規矩是要披露資料的，而作為民營企業的華為很少披露這些財務資料，主要是為了商業機密，防止被競爭對手利用。

既沒有資金壓力，又沒有其他方面的需求，上市之後，還要接受各種監督和制約，同時，動盪的股市會不會對華為的運作構成影響或危害，誰也說不清。儘管上市擁有不少好處，卻沒有一樣是華為所必需的，「水能載舟，也能覆舟」，既然無須上市，又何苦非要往裡擠呢？鑒於如此種種，華為確實沒有上市的理由。

「擇其善者而從之，其不善者而改之。」上市不是做大市值的唯一途徑，適合自己的才是最好的。上市看起來快捷高效，但是不適用於所有的企業。

其實對於企業而言，上市與否並不是隨波逐流的選擇，

如果企業符合上市標準，而且能夠承受上市帶來的風險，上市確實是很好的選擇。但是如果企業本身並不適合上市，非要趕鴨子上架，最終苦果也只能自己吞下。況且，做大企業市值並不是只有上市一條路，想要經營得長遠，目光必須更遠。

因此，不管企業選擇上市還是不上市，只要是適合自己的選擇，都是明智的選擇。

3. 爆品＋資本：百億級企業做大市值的成長路徑

企業要想「值錢」，就要做好產品。做好產品是成為「值錢」企業的必要條件，但是如果想要實現跨越、做大市值，這已經遠遠不夠了。因為企業目前缺的不是產品，不是好產品，而是爆品，這就是今天的企業和美國、德國的區別。我們強調做產品，而美國和德國強調做爆品。

爆品是什麼

從購買者的角度說，爆品就是讓人為之瘋狂的產品！你日思夜想、輾轉難眠需要的是什麼，它便給你什麼，這樣的產品能不讓人瘋狂嗎？不僅要瘋狂，還要推薦給其他人，讓他們一起來瘋狂！

從企業的角度說就是，這個產品能夠賣到 50 億！這就是對「從 0 到 1」的理解，滿大街的雷同產品還不如一個「獨家出品」。把原有的東西做精做細只是不斷地重複，把沒有的東西變成大家都需要的東西，才是爆品！

從行業的角度說就是，這個產品可以徹底顛覆一個行業！帶來整個行業的革命。

然而反觀國內市場，相同或雷同產品一抓一大把，產品的生產只追求「跑量」，卻忘記了「走心」。粗暴的生產方式，曾經也能夠為企業帶來回報，然而現如今，人們對美好生活的追求已越來越高，人們對購買產品的要求不僅僅是可以用，而是用得舒心，用得貼心。

然而，有了爆品，這些問題就能解決了嗎？並不是，還需要資本的助力。如何讓資本流入爆品，是現今企業走出困境的唯一途徑。

爆品＋資本，是做大市值的關鍵。做爆品，投爆品，這是百億級企業做大市值的成長路徑。

做爆品，讓使用者尖叫，把一個產品賣到 50 億元

在知道了爆品的力量後，很多企業都有做爆品的想法，然而，真正想要打造爆品可不是一件容易的事，企業不僅要投入大量時間和精力學習，還要摸索探尋出打造爆品的規律和方法。

(1) 做爆品是一種聚焦思維模式

想做爆品，不僅要深刻領會經營要義，還要精準謀劃商業模式和組織形態。一方面，要能夠站在消費者的角度，以消費者的視角來做好產品規畫和品牌定位，透過角色代入優化產品效能，為消費者提供最佳的服務體驗；另一方面，要將「爆品思維」貫穿始終，以打造出真正意義上的爆品。

「爆品思維」包含以下三個方面的要素（圖 8-3）：

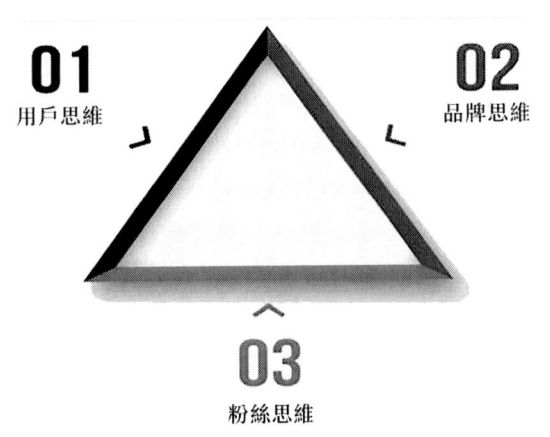

01 用戶思維
02 品牌思維
03 粉絲思維

圖 8-3　爆品思維的三個要素

使用者思維理解起來比較簡單，就是在做產品的時候，隨時將使用者體驗放在首位，爆品之所以為爆品，是因為它能帶來其他產品帶來不了的體驗，解決其他產品解決不了的問題。只有摸清消費者心理，按需設計，並精益求精打造，才能做出讓使用者瘋狂的爆品。

品牌思維所指的，就是要為產品樹立起被大眾熟知、喜愛、追捧的好口碑。產品能夠成為大眾所需，能夠在大眾心中占有一席之地，說起這個產品，就想起這個品牌，聽到這個品牌，就想起這個產品，便達到了樹立品牌的目的了。

最後就是粉絲思維，有了優秀的產品，便需要不斷的推廣，在流量紅利時代，粉絲的力量也開始發揮作用。產品品質過硬、企業服務貼心、品牌特色顯著，則可以透過與粉絲互動分享，提高粉絲的忠誠度，而粉絲的傳播效果要遠大於傳統的明星代言，並且可將原來用於明星代言的費用，運用於為粉絲發放福利和進一步提高產品品質，其良性循環效果自是不必多言。

(2)打造爆品是網際網路時代的一種經營解決方案

不是所有的熱賣產品都叫爆品。有些產品儘管一時看來銷量很高，但是市場變化波譎雲詭，時間是檢驗真理的唯一標準，真正能夠提供使用者極致體驗的產品才稱得上爆品。而且爆品的推出也不是隨機隨性的，它需要合理的規劃和認真的實施，因此從更深層次的意義上來說，打造爆品更是一種解決方案。

要想做出爆品，首先要知道消費者要什麼，只有制定有針對性的解決方案，才能滿足使用者的需求、解決消費者的問題。

在爆品方案打造中，滿足使用者體驗是最基本，也是最核心的方面。而使用者體驗的極致，無非就是服務一流、產品優秀。因此，一味強調產品最貴、最先進，並不一定就能打造出爆品。使用者覺得好，才是真的好，這是衡量是否為爆品的唯一標準。只有能夠創造出新的價值、能夠引領使用者使用熱潮、帶來極致體驗、掀起行業話題，才是真的爆品。

投爆品，讓資本增值，用一個產品獲得超值回報

除了做爆品，用爆品策略做大市值還有一個方法，就是投爆品，讓資本增值，用一個產品獲得超值回報。

所以，如果你覺得自己的企業不適合做爆品，那麼就投爆品，同樣能做大市值，走上財富巔峰。

4. 資源整合：
你能整合多少資源，就做成多大事

做大市值除了做爆品、投爆品，還有一條路徑也是非常有效的，那就是資源融合。

在競爭異常激烈的今天，我們每一個人的力量都是有限的，如果能懂得整合資源，我們成功的機會就會多得多。可以這麼說，現在是一個既可以競爭，又可以合作的時代，我

Part3 控道—做一家「值錢」的企業

把它簡稱為「競合時代」。在這樣一個時代，我們首先需要了解資源整合的概念，然後從善用彼此的資源和體悟「海洋的精神」兩個領域做更多的資源整合與合作。

所謂資源整合，其實就是利用資源。「利用」二字的真正含義是，「用」就是善於運用彼此的資源；「利」就是彼此創造共同的利益。所以，資源整合就是善用彼此的資源，創造共同利益。

在市場競爭中，誰擁有更強的資源整合能力，誰就具備強大的競爭優勢。企業家應該更好地去發現交易者已經擁有的資源能力並加以運用，從而實現和交易者共同享用資源、合作雙贏。具體一點說就是，和合作者一起將蛋糕做大，自己也能獲得更大的一塊蛋糕；反之，如果蛋糕始終很小，即使企業全部占據，又能獲得多少呢？因此，用資源整合做大市值，是一條非常有效的路徑。

身為企業家，有一句話是你應該牢記的：每個企業都要創造被利用的價值。因為，當別人願意利用你，就說明你有更多的機會與別人產生連結；如果你願意並善於利用別人，那麼你創造的價值將會更大，企業才會越做越大，越做越好。總之一句話：你能整合多少資源，就能做成多大事。

那麼，企業應該如何整合資源呢？有沒有什麼技巧和方法可循？

第八章　跨越：做大市值並非只有上市這一條路可走

擴大眼界，轉變思維

企業要想成功整合各方資源，首先要擴大自己的眼界、轉變自己的思維方式。縱觀商界，把企業做到行業大廠的人，一定是資源整合的高手。在經營的過程中，最重要的不是你擁有多少資源，而是你能整合多少資源。

阿基米德（Archimedes）曾說：「給我一個支點，我將撬起整個地球。」資源整合即是一個巨大的槓桿，可以讓企業快速變得強大。用小投入運作大專案，一隻蝴蝶也可以掀起風暴。如果你擅長管理，對面的店擅長技術，傳統的思維是你拚命去學習對面的技術來打敗他。同樣的道理，對面也在努力學習你的管理企圖打敗你。事實是，幾年過去了，你們誰也沒有打敗誰，因為你和競爭對手都在不斷地學習和進步。最終的結果可能是，你和對面鬥得你死我活時，螳螂捕蟬，黃雀在後，一家大型連鎖店進來把你和你的競爭對手全部收購了或者淘汰了。這就是大多數企業家的思維。

這樣的思維導致的結果就是兩敗俱傷。所以，現在，請你把你的眼界放高一點，思維擴寬一些，利用資源整合的力量來增強你的企業規模實力。

我認識的一個連鎖店企業的創始人，他可謂是一個資源整合的高手。他經常會收購兩三家經營不善的店，然後賣掉其中兩家，只保留一家地理位置最好的。再把其他兩家店的

員工整合到這家店裡，解決了員工的問題。接著，再把另外兩家店的會員顧客整合到這家店來消費，解決了顧客的問題。

同樣的道理，如果我們轉變傳統的經營思維，像這個連鎖店的老闆一樣，和你對面的店聯合起來成立一家公司，你負責管理，他負責技術。這樣你們既同時擁有了管理，又擁有了技術，還節省了各自研究管理和技術的時間，再找一個善於行銷的人來合作。那麼你的公司便至少在這個地區擁有了絕對競爭力，而不是落得被他人收購或者被淘汰的結局。

現如今，國家與國家都能拋開政治因素合作，你只是一個小企業的老闆，為何要天天想著如何整垮別人，而不整合合作呢？不得不說的是，一談到整合合作，大多數企業家的思維又是另一番情景：和他合作，我有什麼好處？一旦你有這樣和別人合作就必須要有便宜占的思維，那麼你的企業將永遠做不大，因為不管是投資人還是合作者，沒有人願意和小心眼的人合作。

正確的思維應該是，和他合作，我能帶給他什麼？

企業家要想整合資源，必須要擴大眼界，轉變思維。而一旦你形成這樣的眼界和思維，你缺的只是下面的方法而已。

企業家如何提高資源整合的能力

企業家具有多少資源整合的能力，就意味著你的企業有多大的營利能力。為了提高企業家整合資源的能力，我提供以下三個建議（圖 8-4）：

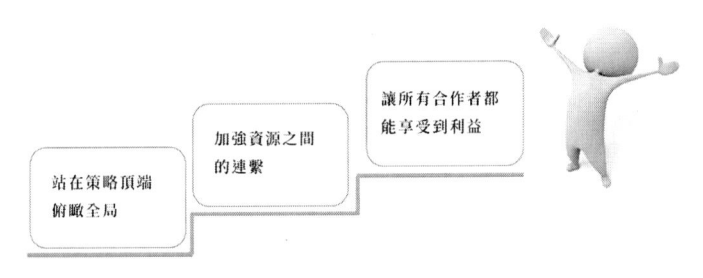

圖 8-4 企業家提高資源整合能力的三個技巧

(1) 站在策略頂端俯瞰全域性

企業家要能站在策略頂端的高度去俯瞰全域性，進而發現企業在其運作過程中利用了哪些資源、哪些資源是閒置的、哪些資源沒有被充分使用，然後再更好地匹配這些資源。

實際上，這個步驟還牽涉到具體的取捨問題。因為儘管閒置的和沒有被充分使用的資源很多，但是它們往往不是企業策略所真正需要的，加以篩選和淘汰這些資源，才能找到最有用、最容易產生效益的資源。例如，你的策略是強調產品創新，那麼你最核心的資源可能在於技術和生產方面；而強調管道整合為主的話，其核心資源則在於分銷或者終端。

企業家有必要根據不同的策略規則和特點來選擇需要加強整合的重點資源。

(2)加強資源之間的連繫

在對資源系統化的整合過程中,企業家不但要注意加強資源之間的連繫,還要注意讓不同的資源擁有者、資源需求者加強連繫,而連繫的載體就是企業乃至企業家本人。因為任何成功的企業都應該是一種有機的系統,系統內部能夠環環相扣,如果其中某環節失靈,很可能導致系統的整體失靈。反之,如果系統整合得當,各環節通暢,就能讓資源相互融合併建立市場優勢,進而獲取高額利潤。

總體來說,企業家需要整合的資源如圖 8-5 所示。

圖 8-5　企業家需要整合的七大主要資源

(3) 讓所有合作者都能享受到利益

透過資源整合而獲得的利益，必須要讓所有合作者都能享受到。因為資源整合更多的是注重調動和借用他人的資源。

而這種合作行為的前提，在於讓更多的參與者和合作方都能從中受益。否則，你就很難說服更多的資源擁有者來參與合作，從而使利潤來源漸趨枯竭。

垃圾是放錯地方的財富，沒有不好的資源，只有不被正確利用的資源。運用資源整合的方法去持續營利，是企業做大市值過程中必須要加以了解和熟悉的方法。

當你能夠帶給他人更多資源組合的可能時，你的企業也就離「值錢」不遠了。

5. 併購策略：
十億市值靠業務，百億市值靠併購

梳理世界上千億美元市值企業的成長史，可以發現，大多數企業都是透過併購來做大市值的，比如 IBM、GE、思科等。

併購是企業實現快速增值屢試不爽的路徑。透過併購，企業可以快速進入新的或缺乏競爭力的領域。當併購成功時，企業市場占有率和利潤的提高會使企業的市值增大。另

Part3　控道—做一家「值錢」的企業

一方面，併購也是展現企業高速成長的表現，這樣的表現會提高市盈率，也是在促進市值的增加。這是企業併購與做大市值的良性循環（圖 8-6）。

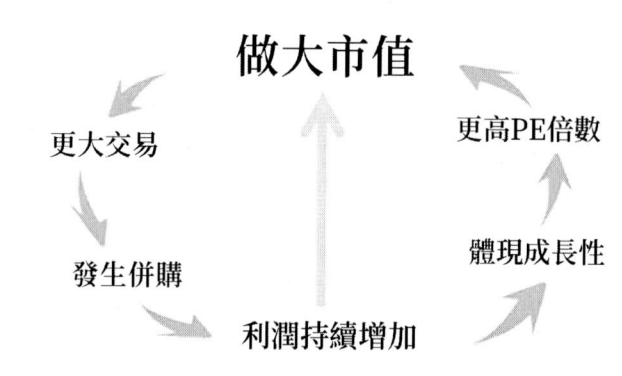

做大市值

更大交易　　更高PE倍數

發生併購　　體現成長性

利潤持續增加

圖 8-6　企業併購與做大市值的良性循環

十億市值靠業務，百億市值靠併購。企業要想做大市值，併購是一條必經之路。

但併購不是一件簡單的事，它是一件高風險的產權交易，在實際操作中是非常複雜的，一招不慎，滿盤皆輸。曾經有人打趣地說，企業併購的失敗率比好萊塢明星的離婚率還要高。當然這是開玩笑，但是也說明企業併購要想獲得成功，確實不是一件容易的事情。

儘管成功的併購能夠提高企業整體的競爭力，幫助企業獲得超額利潤，但是併購的風險也不能忽視。併購案例不勝列舉，但是據不完全統計，只有大約 20% 的併購是成功的，

60%的併購結果是不夠理想的,還有20%可以說是完全失敗的。併購的結果之所以會這樣,是因為併購過程中有許多陷阱,一旦對併購中的陷阱處理不當,開始的「兩情相悅」很可能變成「兩敗俱傷」。

那麼,企業究竟要如何併購才能保證不兩敗俱傷呢?

哪些企業適合併購

要想成功併購,首先要看自己的企業是否適合併購。

從理論上講,任何企業都可以併購自己看中的企業。但事實上,併購是一個對企業實力和經營管理能力都要求很高的經營活動。如果企業自身的實力不過硬,盲目併購,很容易「賠了夫人又折兵」。

適合併購的企業需要具備以下條件:

(1)有明確的企業發展策略

對於一家單一業務的企業來說,要確立自己第一層次的業務策略、第二層次的職能策略、第三層次的營運策略。

對於一家多元化的企業來說,要確立自己第一層次的企業策略、第二層次的業務策略、第三層次的職能策略、第四層次的營運策略。

企業進行不同層級的經營活動要遵守不同層次的發展策略。對於一般的企業來說,併購只是企業實現自己發展策略的

手段，對於與自己發展策略無關的併購機會，要禁得住誘惑，不要貿然出手，否則，即使併購得手，日後的整合也是個難題。

(2) 企業處在成長或成熟階段

就企業的生命週期來說，企業的發展階段可以分為創始階段、成長階段、成熟階段、衰退階段和再生階段。在企業的創始階段，企業的主要任務是透過自身的累積不斷壯大自己。當企業處在成長階段時，企業在發展過程中僅靠自身的累積來實現發展並不容易，有時會遇到增長瓶頸，這時，併購是企業突破瓶頸的一個辦法。當企業處在成熟階段時，企業的實力強大，這時做併購就遊刃有餘，可以透過併購實現市值增長。當企業處在衰退階段時，企業應該考慮如何抑制衰退，尋求突圍之道。

所以，處在創始階段和衰退階段的企業是不適合併購的。

(3) 有較強的融資能力

不管採用什麼方式併購，都存在支付對價的問題。除非是相當小的併購目標，否則企業一般不願意使用內部現金來併購，即使其現金流是比較充足的。一般情況下，併購標的額都是比較大的，動輒數十億上百億，甚至千億以上，企業僅靠自己的資金往往很難完成，因此併購企業必須有較強的融資能力，否則併購不過是妄談或是煙霧彈。

第八章　跨越：做大市值並非只有上市這一條路可走

(4) 有一支精明能幹的併購管理團隊

併購整合的難度不亞於新建立一家企業，是一項專業性很強的經營活動。資金充裕的企業多得是，但是在併購中能把錢花得物有所值的企業卻不多。企業要想成功完成併購，需要準備一支專業的併購隊伍，讓專業的人做專業的事。

併購目標企業的選擇標準

除了知道自己的企業是否適合併購，還要看選擇的併購企業是否適合自己。判斷併購目標企業是否適合自己有以下四個標準（圖 8-7）：

01　市值被低估的企業

02　具有潛在價值的企業

併購目標企業的選擇標準

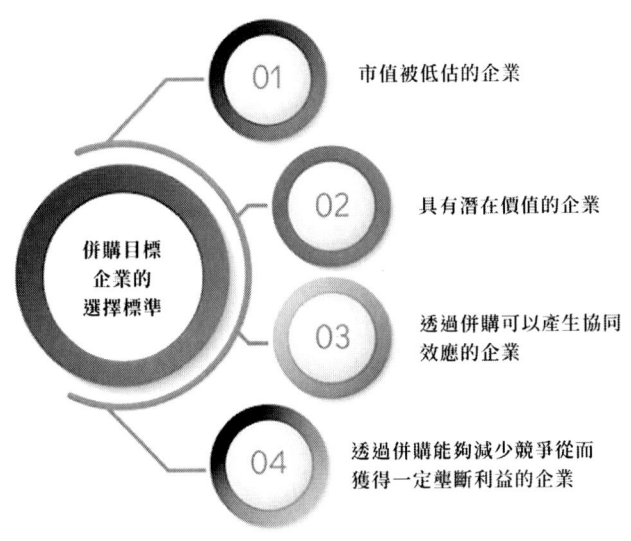

03　透過併購可以產生協同效應的企業

04　透過併購能夠減少競爭從而獲得一定壟斷利益的企業

圖 8-7　併購目標企業的四大選擇標準

併購容易整合難

成功的併購都相似,失敗的併購各有各的理由。統計表明,併購失敗最大的原因是併購交易完成後整合不當。併購整合是一門藝術,是不能複製的。併購整合成功的案例很多,這些案例的成功之處可以為其他人所借鑑,但是不能生搬硬套。

併購完成後,企業有了更多資源,這給了企業家更大的施展機會。把這些資源合理組合好,發揮最大效益,可以實現最佳整合效果;如果不能組合好這些資源,便不會為企業創造價值。就像同樣是面對一塊石頭,米開朗基羅(Michelangelo)能從中雕刻大衛,普通建築工人只能夠切割出建築材料。

併購整合沒有萬全之策可以傳授,堅持、忍讓、溝通、公平、照顧利益相關者,或許事情會好辦一些。

根據實踐經驗,大致可以把企業併購後的整合方式概括為以下三種:

(1) 同化模式

如果收購企業在組織、管理及文化上都優於目標企業,目標企業願意對併購整合採取合作的態度,可以採用同化模式整合目標企業。這種整合模式使企業間的衝突不明顯,可以在較短時間內順利實現,減少執行和磨合期成本,提高併

購成功率。此外,優秀企業的組織、文化、技術和制度被擴散到目標企業,企業會形成新的核心競爭力。

(2)強入模式

雖然收購企業在制度、組織、機制和文化上均明顯強於目標企業,但是目標企業拒絕合作,採取敵對態度,收購企業強制實行整合,把自己的組織模式、管理模式、執行模式強行植入目標企業,就是強入模式。

這種整合模式使企業使間的衝突激烈、整合風險大、成本高、時間長,收購企業和目標企業在整合過程中都會遭受一定的損失。

一旦整合成功,經過磨合,併購後的規模經濟和協同效應會慢慢顯現,企業的核心競爭力也會慢慢形成。

(3)共生模式

併購雙方在制度、文化和能力上相互依託和互補,相互吸收組織文化價值中的優秀部分,提升自己的能力,這種模式叫共生模式。

共生模式的整合過程比較平穩,經營波動不大,雙方的獨立性被保留,可以實現優勢互補,透過合作使雙方的能力都得到提升。善意併購和協定式併購可以採用共生模式整合。

Part3　控道—做一家「值錢」的企業

　　總之，追求市值是企業持續發展的一條捷徑，未來十年是市值為王的十年，誰抓住了市值思維，就把握了時代的大勢。

第八章　跨越：做大市值並非只有上市這一條路可走

電子書購買

爽讀 APP

國家圖書館出版品預行編目資料

強基因理論，從賺錢到值錢的轉型之路：從高毛利產品聚焦到資源整合，達成市場領袖地位 / 何萬彬 著. -- 第一版. -- 臺北市：財經錢線文化事業有限公司，2024.11
面；　公分
POD 版
ISBN 978-626-408-064-4(平裝)
1.CST: 企業經營 2.CST: 企業策略
494.1　　　　　　　　　　　113016049

強基因理論，從賺錢到值錢的轉型之路：從高毛利產品聚焦到資源整合，達成市場領袖地位

臉書

作　　　者：何萬彬
發 行 人：黃振庭
出 版 者：財經錢線文化事業有限公司
發 行 者：財經錢線文化事業有限公司
E - m a i l：sonbookservice@gmail.com
粉 絲 頁：https://www.facebook.com/sonbookss/
網　　址：https://sonbook.net/
地　　址：台北市中正區重慶南路一段 61 號 8 樓
8F., No.61, Sec. 1, Chongqing S. Rd., Zhongzheng Dist., Taipei City 100, Taiwan
電　　話：(02) 2370-3310　傳真：(02) 2388-1990
印　　刷：京峯數位服務有限公司
律師顧問：廣華律師事務所 張珮琦律師

-版權聲明-

本書版權為文海容舟文化藝術有限公司所有授權崧博出版事業有限公司獨家發行電子書及繁體書繁體字版。若有其他相關權利及授權需求請與本公司聯繫。

未經書面許可，不得複製、發行。

定　　價：375 元
發行日期：2024 年 11 月第一版
◎本書以 POD 印製
Design Assets from Freepik.com